Algorithmic Design with Houdini

Houdiniではじめる
自然現象のデザイン

堀川淳一郎

BNN
BugNewsNetwork

Algorithmic Design with Houdini
by Junichiro Horikawa

Copyright © 2019 Junichiro Horikawa
Published in 2019 by BNN, Inc.

All rights reserved. No part of this publication may be reproduced or
transmitted in any form or by any means, electronic or mechanical,
including photocopy, recording or any information storage and retrieval
system, without prior permission in writing from the publisher.

ISBN 978-4-8025-1102-5
Printed in JAPAN

はじめに

本書は、SideFX 社の Houdini を利用して、「アルゴリズミック・デザイン」と呼ばれる 3 次元造形／シミュレーションの手法をレシピ形式で解説する書籍です。

アルゴリズミック・デザインの土台となるのは、作りたい造形や現象の手順書となる「アルゴリズム」であり、それを作り上げるのが、ツールとしてのコンピュータグラフィックスとプログラミングです。

本書では、様々なアルゴリズミック・デザインの例について、それぞれの土台となるアルゴリズムを詳しく解説するとともに、それを再現するために Houdini というツールをどのように利用すべきかについてステップ・バイ・ステップで解説します。

アルゴリズムをベースに造形／シミュレーションを実践したい人に向けて、コンピュータグラフィックスとプログラミングの結びつきが強力な Houdini を用いることで、その手法を理解してもらうことを目指しています。

本書を通じて、アルゴリズミック・デザインの面白さに溺れる人がひとりでも増えることを願っています。

2019 年 3 月
堀川淳一郎

Contents

なぜこの本が存在するのか　006
なぜHoudiniなのか　006
本書の対象読者　007
本書の動作環境　008
レシピのダウンロードについて　008

Chapter 1
アルゴリズミック・デザイン

1-1　アルゴリズミック・デザインとは　012
1-2　デザインのモチーフの探し方　013
1-3　アルゴリズムの探し方　015
1-4　アルゴリズムの理解　017
1-5　Houdiniでアルゴリズムを実装する　018

Chapter 2
アルゴリズミック・デザインのためのHoudini基礎知識

2-1　パラメータの登録　022
2-2　アトリビュートの基礎　025
2-3　VEXの基礎　028
2-4　Expression関数の基礎　036
2-5　For-Eachノードの基礎　037
2-6　Solverノードの基礎　040

Chapter **3**

レシピ編

01 **Mandelbulb** マンデルバルブ __044

02 **Chladni Pattern** クラドニ・パターン __056

03 **Reaction Diffusion** 反応拡散系 __070

04 **Diffusion-Limited Aggregation** 拡散律速凝集 __084

05 **Iris** 虹彩 __098

06 **Magnetic Field** 磁場 __112

07 **Space Colonization** スペース・コロナイゼーション __132

08 **Curve-based Voronoi** 曲線ベースのボロノイ __150

09 **Differential Growth** 分化成長 __164

10 **Strange Attractor** ストレンジ・アトラクター __176

11 **Fractal Subdivision** フラクタル・サブディビジョン __186

12 **Swarm Intelligence** 群知能 __202

13 **Frost** 霜 __222

14 **Edge Bundling** エッジ・バンドリング __254

15 **Snowflake** 雪の結晶 __272

16 **Thermoforming** 真空成形 __300

レファレンス __318

なぜこの本が存在するのか

筆者は普段から、自然界に見られる現象の背後にあるシステムがどのようになっているのかについて気になっていました。その現象を人工的に再現してそのシステムを深く理解したい、そしてそれを理解することで自ら新たな現象を作り出すことができるのではないか、とよく考えています。

なにも化学実験をしたいというわけではなく、再現可能性のある手順を作り出し、それによって視覚的な結果が得られればよいと考えています。そして、その実験の媒体として筆者が選んだのがコンピュータで、再現可能性のある手順とはつまりアルゴリズムのことです。

自然界の多くの現象は、簡略化の度合いにばらつきはありますが、アルゴリズムによって記述されています。自らアルゴリズムを作るのであれば、まずは世にある様々なアルゴリズムに触れ、自分で実行し、失敗を重ねながら理解を進めるという方法が近道であると考えたわけです。

本書は、そんなアルゴリズムを多数集め、その仕組みを解説しています。そしてその仕組みを理解したところで、それをどのようにコンピュータ上で可視化していくかという具体的な手法を伝えることが本書の目的です。そのためのツールとして今回利用したのが、SideFX 社の Houdini という 3 次元汎用ツールです。

なぜ Houdini なのか

特に視覚的な現象に意識を向けていた筆者は、そのシステムの再現を、コンピュータグラフィックスとプログラミング言語を利用して行う道を選びました。

MIT メディアラボで生まれた Processing というビジュアル生成のためのプログラミング言語をはじめ、これまで実に様々な言語や CG ツールを試してきました。ただ、どの言語やツールも得手不得手があり、今回の「自然界の現象を再現するシステムを作る」という目的に関しては、これと言える決め手がありませんでした。

例えば、Processing などのプログラミング言語は、動的なシミュレーションかつ 2 次元のビジュアルは作りやすいのですが、複雑な 3 次元形状はモデリングに関する機能不足ゆえに作りづらい面があります。あるいは Autodesk 社の Maya のようなツールは、複雑で自由な 3 次元造形は行いやすいのですが、数理的にきっちりコントロールされた動的なシミュレーションや、モデルを数理的にコントロールすることは不得手です。

そんなときにたどり着いたのが、Houdini です。Houdini はメッシュを主に扱う 3 次元汎用ツールで、ノードベースのビジュアルプログラミングツールです。ノードベースであるがゆえに、他のメッシュ系のツールと比べるとプロセスの履歴の改変が容易で、その手順の組み替えが簡単にできるという点でアルゴリズミック・デザインに向いています。

SideFX 社の Houdini の公式ウェブサイト

また、Houdini のデータ構造は他のツールと比べると特殊です。メッシュの頂点ごとにデータを格納できる「アトリビュート」という概念のおかげで、複雑になりがちなシミュレーション時のデータ管理を簡単に行うことができます。つまり、アルゴリズミック・デザインをする上で、これ以上ないツールと言えるのです。

とはいえ、そのアトリビュートのデータ構造をフルに活かすためには、「VEX」と呼ばれる Houdini のスクリプト言語をマスターする必要があり、そこが 1 つのハードルになっているのも事実です。

本書の対象読者

本書は、自然界の現象のアルゴリズムに興味がある方ならどなたでも楽しめると考えていますが、特にレシピを進めるにあたってはいくつかの前提知識が必要となる場合があります。

レシピ自体は、手順通りに進んでいただければ誰でも再現できるようになっています。ただ、Houdini の基本的な操作や概念の理解はすでにあるという前提で話は進みます。したがって、Houdini の基礎を習得済みで、次のステップとしての本を探している方に最適かと思います。

また本書では、VEX という Houdini のスクリプト言語を使ったプログラミングを多く行います。これはアルゴリズムを再現する上では避けては通れません。VEX 自体をすでにマスターしている必要はありませんが、何かしらのプログラミング言語を習得していると理解が深まるはずです。

なお、本書には様々な数式や記号が出てきますが、それらの具体的な定義に関しては説明を割愛しています。とはいえ、すべて高校数学の範囲（数学 I、数学 II、数学 III、数学 A、数学 B、数学 C）で理解

できるものになっているので、不明な点があった場合は高校数学の参考書を確認してみることをおすすめします。本書の内容について、数式の理由までをフルで理解するために知っておくとよい高校数学の知識としては次のようなものがあります。

- ◎ 連立方程式
- ◎ 対数
- ◎ ベクトル
- ◎ 微分積分
- ◎ 数列
- ◎ 三角関数
- ◎ 空間図形
- ◎ 行列
- ◎ 複素数
- ◎ 確率分布

本書の動作環境

本書の解説は、以下の環境下で行っています。

◎ Houdini 17.5 Apprentice
◎ macOS Mojave / Microsoft Windows 10
　（なお、本書のスクリーンショットはすべて macOS のものです）

レシピのダウンロードについて

第 3 章で紹介している 16 種のレシピは、すべて以下のページからダウンロードできます。
http://www.bnn.co.jp/dl/houdini/

- ◎ 本書は、2019 年 3 月時点での情報にもとづき執筆されています。
- ◎ 上記バージョン以外の環境では正しく動作しないことがあります。
- ◎ ダウンロードデータは本書購入者のみご利用になれます。また、データの転売は固く禁じます。
- ◎ ダウンロードデータを実行した結果については、著者や出版社のいずれも一切の責任を負いかねます。ご自身の責任においてご利用ください。
- ◎ 本書に記載された URL、バージョン等は予告なく変更される場合があります。
- ◎ 本書に記載されている商品名、会社名等は、それぞれの帰属者の所有物です。

Chapter **1**

アルゴリズミック・デザイン

本章では、アルゴリズミック・デザインの成り立ちを簡単に紹介し、
筆者なりの解釈によるその具体的な実践方法について解説します。

アルゴリズミック・デザインとは ___012

デザインのモチーフの探し方 ___013

アルゴリズムの探し方 ___015

アルゴリズムの理解 ___017

Houdiniでアルゴリズムを実装する ___018

1-1 アルゴリズミック・デザインとは

アルゴリズミック・デザインとは、「アルゴリズム」と呼ばれる数理的な手順を利用することによって行われる、図形形状や現象のデザインのことを指します。アルゴリズムとして手順をコード化することで、少ないデータで複雑な形状を再現することができるようになります。特に自然界の形状や現象は、その仕組みをよく観察すると何かしらの規則性があることが多く、複雑に見える形状であっても実はシンプルなルールの組み合わせであったり、再帰的に何度も同じルールを適用しているだけであったりすることもあります。アルゴリズミック・デザインは、そういった規則を持ったものを再現するのに非常に適しています。

このアルゴリズミック・デザインの手法は、建築意匠の分野で特に注目され進展してきました。例えば建築デザインにコンピュータを持ち込み、生物の形態を摸した有機的な建築のデザインを目指したグレッグ・リン（Greg Lynn）や、形態だけにとどまらない建築の種々の問題に対して、アルゴリズムを利用した解析的なアプローチによるデザインを試みたコスタス・タージディス（Kostas Terzdis）などの活躍により、アルゴリズミック・デザインは広く知られるようになりました。現在では多くの人が所有できるようになったパーソナルコンピュータ上でも手軽に複雑な形状を生み出せることから、建築学生たちの間でも人気の手法の1つとなっています。

ただ近年では、それが実際に建築として建てられるまでのハードルがまだ高いこともあり、建築業界の現場では若干下火になってきている手法でもあります。特にバイオモーフィックな形態に関しては建築における有用性がまだ認められず、結果、新たなアルゴリズムの発掘や既存のアルゴリズムの洗練が滞っている印象があります。

しかし、アルゴリズムを利用したデザインというのはなにも建築のためだけに使われるものではありません。最初に発見したのが建築に関わる者だったというだけで、この手法自体は業界を越えて多くの場面で使える可能性があります。例えば3Dプリンタの民主化に伴うメイカー・ムーブメントの延長線上で、プロダクトの成形をそのまま3Dプリントで出力するといったことも珍しくなくなっています。つまり、アルゴリズミック・デザインによって作られた複雑な形状を、そのままプロダクトとして出力することができる可能性も出てきているのです。

あるいは実物のモノとして出力しなくても、近年はARやVRの普及などによってバーチャルな3Dモデルが寸法感を持ったものとして手軽に扱えるようになってきました。仮に物理的制限や経済的制限により現実空間にアウトプットできなかったとしても、バーチャル空間上であればどのようなものでもアウトプットできます。

特に映像やゲームといった業界では、アルゴリズミック・デザインという名前では呼ばれていないものの、それはすでに一般化しているように見えます。例えば、ある自然の現象をリアルに見せるためにいかにシミュレーションのアルゴリズムを組むかや、地形のモデルを作るために山脈や川、森などの関係性だけを記述して無数にバリエーションを作るなどといったことも、すべてアルゴリズミック・デザインの範疇であると考えられます。建築業界に比べてアウトプットに対する足枷が少ないことに起因して、毎年Siggraph（コンピュータグラフィックスに関する国際会議）で見られるように数多くのアルゴリズムが映像やゲーム業界から発表されており、形状のデザインにも利用できるア

ルゴリズムはそこかしこで発表されています。

一点悩ましいのは、Siggraph といった会議などで発表されるアルゴリズムがまとめられる形式はいまだ計算式主体の論文が大半であることで、サンプルのプログラミングコードが付いていればよい方です。つまり、筆者のような意匠出身の者にはその論文を読み解くこと自体が 1 つのハードルになってしまい、デザインの手法として自分で利用するまでになかなか至らないのです。また、アルゴリズミック・デザインをやりたいという方からよく聞く話ですが、どこからどう手をつけたらよいかがわからないという声も多くあります。

筆者は、ここ最近の私的な活動として、今まで自分が使ったことのない、あるいは使ったことはあるけれど中身までは理解していなかったアルゴリズムを利用してデザインを作り、それを解説動画にして YouTube にアップしてみるといった試みをしています。大きなモチベーションとしてはやはり、最終的には独自のアルゴリズムを利用してあらゆる形状を作れるようになりたいという思いがあり、そのための基礎練習として、既存のアルゴリズムを探しては 3 次元のビジュアルになるよう実装する、という活動を行っています。

本章では、そんな筆者がどのようにアルゴリズミック・デザインのモチーフを探し、そのモチーフを再現するのに使えそうなアルゴリズムを探し出し、最終的に実装まで行っているのかという流れを説明していきます。

1-2　デザインのモチーフの探し方

なにはともあれ、何もないところから何かを作るというわけにもいかないので、まずはモチーフ探しからです。筆者が注目するのは、特に水の波紋や地面のひび割れといったような自然現象から、マイクロスコピックな自然の形状、生物の骨格や殻の形状、植物の葉脈から山脈の形状にいたるまでの、とにかく自然界にみられるあらゆるスケールでの形状です。また、こういった自然の形状をデフォルメしたような幾何学図形などもいいでしょう。

こういった自然の形状は、一見複雑でランダムに見えるものでも、実は細かいシンプルな要素の組み合わせでできていたり、数式 1 つで表すことができる幾何学図形であったり、あるいは時間経過によってシンプルな形状変化が積み重なっただけといったものが非常に多く、アルゴリズム化しやすいものが多いです。実際、多くの現象に対してすでにそれを再現するためのアルゴリズムが発表されていることは多く、筆者としてはそれらを積極的に利用しようという心構えでいます。

とはいえ、「自然」といっても範囲が広いので、最初は作りたいテーマがおぼろげでも、ある程度は絞り込んでいく必要があります。そこで、自分が普段、まだ作るものが決まっていない段階でモチーフを探すときのフローを紹介します。

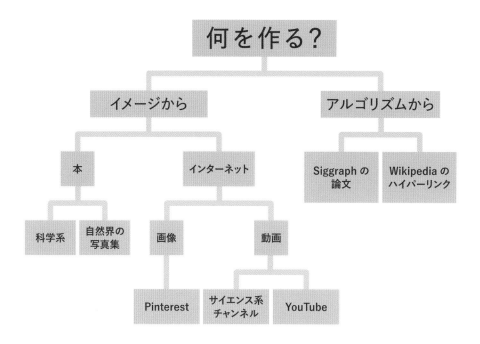

筆者のモチーフの探し方のポイントは、まず見た目から入るか、それとも仕組みから入るかを選ぶ点です。そしてどちらを選ぶにしても、膨大な選択肢のなかから選べられるように資料をたくさん集めておきます。そうすると、同じような見た目のものが並んでいたとしても、ディテールを色々な角度から確認できたり、解像度の高い魅力的なビジュアルによってモチベーションが高まったりと、非常に好都合です。

イメージから入るときは、これまで購入した自然界の写真集や、科学系の書籍または雑誌をパラパラめくりながら気になるトピックを探し、例えばサンゴが気になればインターネットの画像検索を使って大量に視覚的なレファレンスを集めます。特におすすめなのがPinterest（画像検索・コレクションサービス）です。気になる画像を1つ選ぶと、そのおすすめ用のアルゴリズムが該当画像に趣向の近い画像をキュレートしてくれます。こうして、大量の気になったサンゴの画像を収集し、そのなかからさらに気になる形を絞り込んでいきます。

絞り込めたら、次はその形状を作るためのアルゴリズムを探し始めることになります。もし使いたいアルゴリズムから探し始めた場合は、使いたい仕組みを決めてから最終的な形状を決めるという逆のフローになります。ただこの場合、アルゴリズムによってだいたいの場合出力される結果は決まっているので（ときとして、仕組みは面白いけれどアウトプットのイメジが弱かったりすることもあるので）、ビジュアルとして綺麗に見せるにはアルゴリズム自体に多少のカスタマイズを加える必要がある場合もあります。

1-3 アルゴリズムの探し方

モチーフなしの場合

アルゴリズムを探す際には、先に述べたように作りたいイメージがないところから探す場合と、作りたいものは決まっていてそのためのアルゴリズムを探す、という2通りのパスが考えられます。

作りたいイメージがまだない場合、筆者がよく行うのは、Siggraphなどで発表されたコンピュータグラフィックスの論文を読んだり紹介動画を閲覧することです。個人のサイトですが、ケセン・フアン（Ke-Sen Huang）という方のウェブサイトは様々なコンピュータグラフィックスで発表された各種論文を一覧としてまとめており、どういうものがこれまで出てきたのかを確認するのにとても役立ちます。

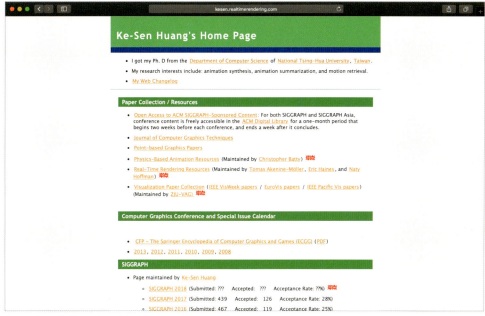

Ke-Sen Huang's Home Page: http://kesen.realtimerendering.com/

また、他によく行うアルゴリズムの探索の仕方として、Wikipediaのハイパーリンクをたどるという方法があります。例えばWikipediaのカテゴリの1つである「Computer graphics algorithms」内のページには、コンピュータグラフィックスで実装できるアルゴリズムがまとまっています。

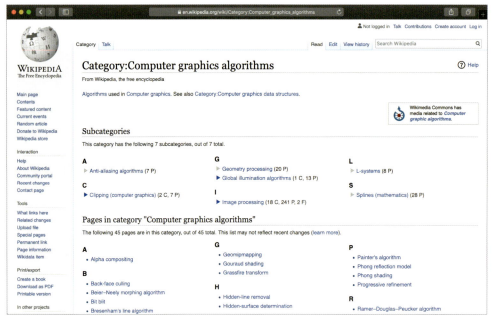

Wikipedia Category: Computer graphics algorithms: https://en.wikipedia.org/wiki/Category:Computer_graphics_algorithms

このカテゴリにあるリストが、存在するすべてのアルゴリズムだとは思いませんが、リンクをたどってみると様々なアルゴリズムに出会えます。例えば、同ページから Marching cubes というページに飛ぶと、そこでは CT や MRI スキャンで撮った画像データを 3 次元に再構築するアルゴリズムの説明がなされています。そのなかに isosurface という単語が出てくるのでこのリンクをたどってみると、次に isoline という単語が目についてそのリンクをたどり……といった行程を繰り返し、興味が湧いたアルゴリズムを逐一チェックしていきます。実際、形状を数理的に作り上げる際には 1 つのアルゴリズムしか使わないということはほとんどなく、複合的に様々なアルゴリズムを組み合わせることが非常に多いため、どういう手法があるのかを知っているだけでも数理的な造形の幅が広がります。

モチーフありの場合

では、それに対して、すでに作りたいイメージが決まっている場合はどうでしょうか。その場合のアルゴリズムの探し方はまた異なります。ここで重要になってくるのは、言ってしまえばネットの検索能力です。

例えば気になるサンゴの画像を見つけて、そのサンゴの名前が「脳サンゴ（Brain Coral）」であったとします。その場合、まず第一にするべきことは、Google 検索で「brain coral algorithm」と検索することです。至極単純なことのように聞こえますが、多くの場合、このステップだけで望んでいるアルゴリズムにたどり着くことができます。このとき、日本語で検索しても得られる情報の幅は非常に狭いので、英語で検索します（中国語ができればなおよいでしょう）。

例えば上記のように Google で「brain coral algorithm」と検索した場合、論文の概要へのリンクが

出てきたり、有名なアルゴリズムであればそのアルゴリズムのためだけのページが作られていることもあります。そういったリンクをたどり、関係のある論文やページを可能な限り集められるだけ集めます。

資料を集めたら、自分が求めているアウトプットを作れそうなアルゴリズムを精査していきます。といっても、筆者のような意匠上がりの人間で、普段数式に慣れ親しんでいるわけでもない者は、ぱっと数式を見て理解できるはずもないので、基本的には論文やページに付随している画像から判断しています。こうして、最終的に自分が用いるアルゴリズムのベースを決めていきます。

では、論文が見つからず、検索しても画像だけのページだけしか出てこない場合はどうでしょうか。その場合は、アルゴリズムの名前や、検索している対象物の別名で 2 次検索をかけます。例えば brain coral の場合、検索の結果 differential growth というキーワードが出てきたので、それで改めて検索すると、今度はその手法まで載ったサイトが検索結果に出てくるようになります。

あるいは、求めているアウトプットを出すような論文ではなくても、その論文が参照している論文のタイトルにキーワードのヒントが隠されていることが多くあります。結局のところ、どれだけその形状に関係ありそうなキーワードを抽出できるかが鍵になってきます。

重要そうなキーワードが抽出できたら、GitHub という世界中の人々が書いたプログラミングコードを公開しているサービスでそれを検索するのも非常におすすめです。公開されているコードの精度はピンキリではありますが、うまい具合に見つかれば、幸先のよいスタートを切ることができます。

1-4　アルゴリズムの理解

使いたいアルゴリズムを見つけられたら、今度はそのアルゴリズムを理解していく段階に入ります。特に普段から数式に触れているわけではない筆者のような者にとっては、ここが一番時間を使うところであり、同時に一番面白い段階でもあります。最初から知っているようなことをおさらいしても面白くはないので、自分がこれまで使ったことがない／考えたことがない手順を示してくれるものであればあるほど、その面白さは倍増します。

そのアルゴリズム単独のサイトがあるような有名なもの（例えば本書でも紹介している Gray-Scott など）は、素人でもわかるように懇切丁寧に教えていることが多いです。そういったものに関しては、その説明をじっくり読んでいけば理解するのにあまり困ることはないでしょう。

問題は、論文のなかでしか解説されていないような面白くもマイナーなアルゴリズムを理解するために、その論文自体を解読する力が求められるときです。といっても、論文を読みやすくする方法はあります。まずは、その論文自体が他の論文で参照されているかどうかを、Google Scholar などで検索します。また、運がよければその論文を解説しているページ自体も見つかるかもしれません。

それらの情報は、論文を読み込んでいくうちに理解できないところにぶつかった際の補助として利用します。また、発行が比較的新しい論文だと、論文に付随してサンプルのプログラムが、一般的にC言語やPythonなどを利用してGitHubなどのサービスで公開されていることもあります。アルゴリズムの理解にあたっては、数式を読み解くよりもプログラミングコードを読み解く方が何倍も簡単なので、そういうコードがあれば積極的に参照していくべきです。

論文を地道に読み解く上でもっとも苦労するのは、数式自体よりも、文章で書かれているアルゴリズムの意味が具体的につかみ取れないときです。それに付随して数式が書かれていることも多いので、その場合、普通なら数式を理解するために文章を参照するところを、文章を理解するために数式を参照しないといけないといった場面にもちょくちょく出くわします。数式で困るのは、多くの場合は記号の意味がわからないといった程度のことで、調べるとたいていは高校数学の知識（数列や複素数、行列、微積分など）で対応できるものばかりなので、忘れた人も復習すればなんとかついていけるレベルのものが多いです。こういった論文で紹介されているアルゴリズムは、それ自体が難しい数式を使っているものはほとんどなく、紐解けばシンプルな計算の組み合わせです。それさえ念頭に置いておけば、あとは時間をかければ比較的どんな内容でも理解することが可能です。

1-5 Houdiniでアルゴリズムを実装する

アルゴリズムが理解できたら、いよいよアルゴリズムの実装です。本書ではHoudiniを媒体として選んでいますが、基本的にはどの言語やツールでやるときも考え方は同じです。その言語やツールに応じた文法を使って、理解したアルゴリズムの手順を翻訳していくという作業になります。

Houdiniでアルゴリズムを実装するにあたっては、そのアルゴリズムの内容に応じて、それが時間軸に沿って都度計算を行うものか、それとも一回計算したら終わりのものかで大きく2種類に分けることができます。

時間軸に沿ってアニメーションとして形状の変化を見せたいようなアルゴリズムに関しては、Houdiniでは「SOPソルバー」というタイムラインベースのシミュレーションを独自で作ることができるノードを利用して、ノードのネットワークを組んでいきます。

時間軸に関係なく、すぐに最終的なアルゴリズムの計算結果を見せたい場合は、SOPソルバーは使わず、単一のフレーム内で計算が終わる「For Eachノード」というループを行うことができるノードを中心にネットワークを組んでいきます。

ただ、どの種類の方法を選んでも、アルゴリズミック・デザインを実装する際には「Wrangleノード」と呼ばれるVEX言語（Houdiniのスクリプト言語）を記述するノードを毎回頻繁に使うことになります。

このVEXを記述する「Wrangle」「SOPソルバー」「For Eachノード」に関しては、第3章のレシ

ピで多用します。Houdini に触れてまだ間もない人でも理解が追いつけるように、次章ではこれらのノードに関して最低限の解説をします。

Chapter 2

アルゴリズミック・デザインのための Houdini 基礎知識

本章では、Houdini でアルゴリズミック・デザインを実践するにあたって、
これだけは押さえておきたい基礎的な知識を解説します。

パラメータの登録 022

アトリビュートの基礎 025

VEXの基礎 028

Expression関数の基礎 036

For-Eachノードの基礎 037

Solverノードの基礎 040

2-1 パラメータの登録

Houdiniの各種のノードには、それぞれパラメータと呼ばれる、ユーザがコントロールできる値があります。このパラメータを変更することで、ノードのもつ機能に応じて出力されるものが変化します。本書の各レシピでは、まず最初によく使うパラメータを1つのノードにまとめて、アクセスしやすいくするところから始めています。こうすることで、そのノードを確認するだけで、形状のバリエーションを作るために必要なすべてのパラメータにアクセスできるようになり、とても便利です。

筆者がよく行うのは、機能としては何ももたないNullノードにパラメータをまとめてしまうことです。また、パラメータが入っていることを示すためにノードの色を変えて、全体を見通したときにわかりやすいようにします。

Nullノードは機能をもっていないので、デフォルトの状態ではパラメータをもっていません。そのため、必要なパラメータを自分で登録する必要があります。次のようなステップを踏むことでパラメータを登録していきます。

1. Geometryノードを作ります。Geometryノードをダブルクリックしてネットワークのなかに入り、Nullノードを作ります。

2. Parameterペインの右上のギアのアイコンをクリックし、コンテクストメニューのなかから「Edit Parameter Interface...」を選び、パラメータの編集ウィンドウを表示します。

3. パラメータの編集ウィンドウの左にある型のリストから1つを選び、右矢印のアイコンをクリックしてその型のパラメータを追加します。あとは名前を設定したり、値の範囲を設定したりして、「Apply」ボタンを押してパラメータを更新します。

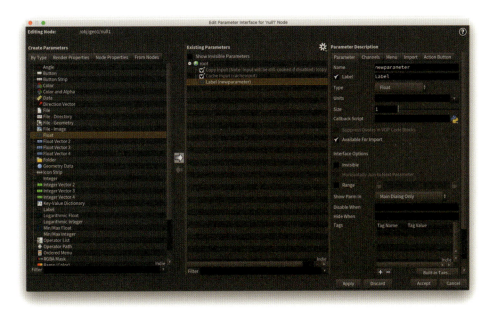

パラメータの編集ウィンドウを閉じると、Parameter ペインに登録したパラメータが現れます。

4. あとは、このパラメータを実際に変更したい任意のノードのパラメータとリンクすることで、この Null ノードからその任意のノードのパラメータを遠隔でコントロールすることができるようになります。

リンクをするには、まず Null ノードのパラメータの上で右クリックし、コンテクストメニューから「Copy Parameter」を選びます。

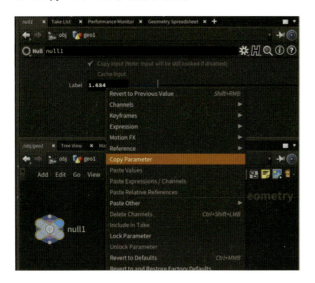

次に、このパラメータをリンクさせたい任意のノードのパラメータにコピーします。リンクしたい先のパラメータの上で右クリックし、コンテクストメニューの中から「Paste Relative References」を選びます。

これでパラメータがリンクされました。Null ノード上のパラメータを変更すると、リンクした先のパラメータが Null ノードのパラメータと同じ値になります。

Nullノードのパラメータへのパスが記入されてリンクが完了する

2-2 アトリビュートの基礎

アトリビュートとは

Houdiniに限らず、アルゴリズムを使ってジオメトリを作るにあたっては、そのツール上においてジオメトリの持つデータの構造を理解することが不可欠です。Houdiniでは、特に知っておくべきジオメトリのデータ構造としてアトリビュートというものがあります。

アトリビュートというのは、ジオメトリを構成するポイントやプリミティブ、プリミティブの頂点やオブジェクト自体に格納された、名前が付けられた値のことを指します。ジオメトリの各要素に格納されたこのアトリビュートは、ポイントの位置情報や色といった属性が管理されている、非常に重要なデータ構造です。

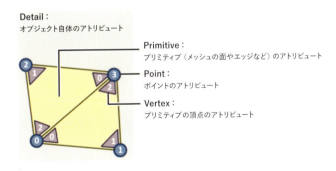

アトリビュートには、一般的にHoudini内で決められた用途で使われるものと、カスタムで自分で設定できるものの、大きく2種類のアトリビュートが存在しています。一般的なアトリビュートだと、例えば次のようなものがあります。

◎ P：ポイントの位置
◎ N：法線方向のベクトル
◎ pscale：均一スケール率
◎ Cd：RGB の色情報

またアトリビュートはカスタムして作ることも可能です。その場合は、ユーザがどのジオメトリの要素にアトリビュートを格納するかと、アトリビュートの型（数値やベクトル、文字列など）と名前を決めた上で任意の値を格納します。

これらのアトリビュートに格納されている値は、ジオメトリを操作する上で頻繁に参照されたり、書き換えられたりします。アルゴリズミック・デザインの操作のほとんどは、このアトリビュートを操作をしていくことであるといっても過言ではありません。

このアトリビュートの参照や編集は、後ほど紹介する Wrangle ノードや、Attribute Create といったアトリビュートに特化したノードを利用することで行います。これらは本書のレシピでも頻繁に行うので、アトリビュートが Houdini のジオメトリの各要素に格納された値であるという認識をもち、求めているデータが今どこにあるのかに常に意識を向けるようにしてください。

アトリビュートについての詳細は、SideFX 社のアトリビュートのドキュメントページをご覧ください（http://www.sidefx.com/docs/houdini/model/attributes.html）。

Geometry Spreadsheet

ジオメトリの各要素に格納されているアトリビュートを確認したいときは、Geometry Spreadsheet という表を参照します。

この表にアクセスするには、画面上にあるいずれかのウィンドウペインの右上にある「＋」アイコンをクリックして、コンテクストメニューのなかから「New Pane Tab Type > Geometry Spreadsheet」を選んで開きます。

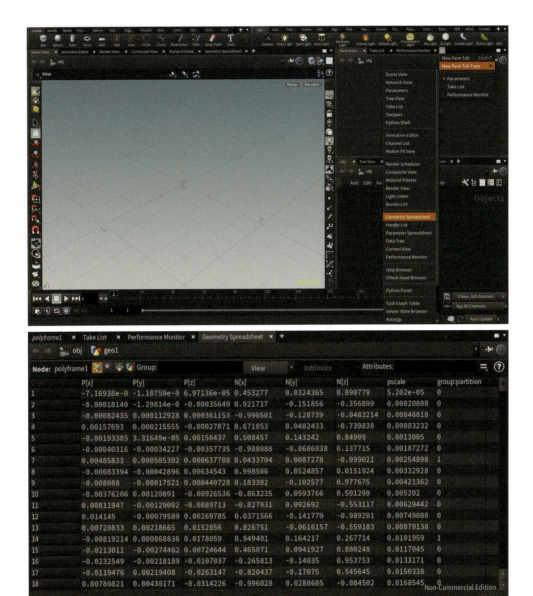

Geometry Spreadsheet の画面

2-3　VEXの基礎

VEXとは

VEXとは、Houdiniで使われるスクリプト言語の1つです。非常に高速な計算を行うことができるのが特徴的で、Houdiniのさまざまな場面で利用することができます。本書で扱うアルゴリズミック・デザインでは、モデリングの用途で必須と言っていいほど頻繁に使うことになります。VEXについて、詳しくはSideFX社のドキュメントページから確認できます（http://www.sidefx.com/docs/houdini/vex/index.html）。

Wrangleノード

Wrangleノードとは、VEXを記述できるノードのことを指します。特にモデリングを行うSOPネットワークのなかでは、ジオメトリの要素（ポイント、プリミティブ、プリミティブの頂点、オブジェクト、ボリュームなど）に応じて、異なるWrangleを使い分けることになります。このWrangleノードを使うことによって、デフォルトで用意されているノードだけでは実現が難しいモデリング作業が可能となります。

SOPネットワークの中でよく使うWrangleノードには次のようなものがあります

◎ Point Wrangle：ポイントの操作をする
◎ Primitive Wrangle：プリミティブの操作をする
◎ Vertex Wrangle：メッシュのバーテックス（頂点）を操作する
◎ Volume Wrangle：ボリュームの操作をする

Wrangleノードの種類

WrangleとVOP

WrangleノードにVEXで書いたコードの内容は、ノードによるVOP（Vector Operator）を使用して再現することも可能です。基本的に、VEXでできることはすべてVOPでもできます。VOPはノードベースのため、プログラミングが必要なVEXと比べると比較的低い敷居で同じことができます。

ただ本書のレシピ編では、次のような理由からVOPを使わずWrangleノードでVEXを記述するようにしています。

- ◎ 同じことをやるにしても、VOPで記述すると複雑になりすぎて可読性が悪い
- ◎ ループや条件分岐が記述しづらい
- ◎ エラー時、問題個所が発見しづらくデバッグがしにくい

変数

変数とは、決められた型（整数や文字列など）の値を入れることのできる名前のついた入れ物です。よく使う変数として次のようなものが挙げられます。

- ◎ 整数（int）
- ◎ 浮動小数点数（float）
- ◎ 3次元ベクトル（vector）
- ◎ マトリックス（matrix）
- ◎ 文字列（string）

変数は、例えば次のように記述して作ることができます。

```
int a = 123; // aという名前の整数の変数に123という値を入れる
float b = 10.25; // bという名前の浮動小数点数の変数に10.25という値を入れる
vector c = set(1, 2, 3); // cという名前のベクトルの変数に{1, 2, 3}というベクトルの値を入れる
matrix d = ident(); // dという名前のマトリックスの変数に単位マトリックスを入れる
string e = "abc"; // eという名前の文字列の変数にabcという値を入れる
```

配列

配列とは、同じ型の変数を複数格納することができる入れ物です。配列のために用意された関数を利用することで、配列のなかに値をいれたり、指定の位置にある値を取り除いたりすることができます。

VEXでは、配列は次のように使います。

```
// aという名前の整数の配列を作る
int a[] = {1,2,3};

// aという名前の配列に4を加える
push(a, 4);

// aという名前の配列から2番目の値を取り除く
pop(a, 1);

// aという名前の配列の大きさを取得する
int size = len(a);
```

VEX関数

VEXには、様々な機能をもった関数がいくつも用意されています。関数とは、プログラミング言語において任意の処理をまとめておき、後から呼び出せるようにするための仕組みです。

次によく使う関数の一部を挙げます。

- ◎ point()：ポイントのアトリビュートを得るための関数
- ◎ setpointattrib()：ポイントのアトリビュートをセットする関数
- ◎ addpoint()：ポイントを追加する関数
- ◎ npoints()：全体のポイントの数を返す関数
- ◎ chf()：指定の浮動小数のパラメーターの値を得るための関数

それぞれの関数には、それを使うためのパラメータが存在しています。どのような関数があり、その関数がどのようなパラメータを必要としているかは、VEXのレファレンスページで確認する必要があります（http://www.sidefx.com/docs/houdini/vex/index.html）。

例えば、addpoint()というポイントを追加する関数は次のように使います。

```
// {1,2,3}の位置にポイントを作る
int pt = addpoint(0, set(1,2,3));
```

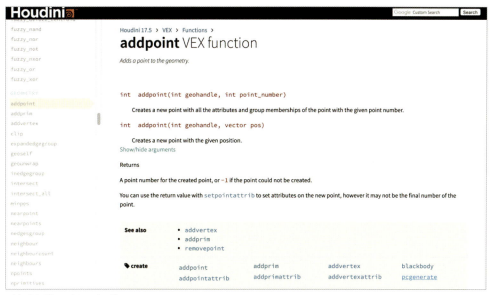

addpoint のレファレンスページ

アトリビュートへのアクセス

Wrangle ノードに書いた VEX コードを使って、ジオメトリの各要素に格納されたアトリビュートにアクセスして読み書きすることができます。それには 2 種類の方法があり、ショートカットバージョンと VEX 関数を利用する方法があります。

アトリビュートへのアクセスのショートカットバージョンは、型に応じて次のような種類があります。

- ◎ f@abc：abc という名前の浮動小数点数のアトリビュート
- ◎ i@abc：abc という名前の整数のアトリビュート
- ◎ u@abc：abc という名前の 2 次元ベクトルのアトリビュート
- ◎ v@abc：abc という名前の 3 次元ベクトルのアトリビュート
- ◎ s@abc：abc という名前の文字列のアトリビュート

ショートカットバージョンでのアクセスをする際は、どのジオメトリの要素のアトリビュートにアクセスするかは利用する Wrangle の種類に依存します。Point Wrangle ノードの場合はポイントのアトリビュートにアクセスすることになり、Primitive Wrangle ノードを利用している場合はプリミティブのアトリビュートにアクセスすることになります。

例えば、Point Wrangle ノードを使ってジオメトリのポイントのアトリビュートにアクセスする際は、次のように記述します。

```
// abcという名前の浮動小数点数のアトリビュートの値をvalという名前の変数に代入する
float val = f@abc;
// abcという名前の浮動小数点数のアトリビュートに1.0という値を格納する
f@abc = 1.0;
```

ただ、もし Point Wrangle ノード内でジオメトリのプリミティブのアトリビュートにアクセスしたい場合はショートカットが使えません。その場合は、例えば次のように記述して VEX 関数を使ってアクセスする必要があります。

```
// Wrangleノードの1番目のインプットにつながっているジオメトリの
// 1つ目のプリミティブのabcという名前の浮動小数点数のアトリビュートを取得し、
// その値をvalという名前の変数に代入する
float val = prim(0, "abc", 0);
// ジオメトリの1つ目のプリミティブのabcという名前の浮動小数点数のアトリビュートに、
// 1.0という値を格納する
setprimattrib(0, "abc", 0, 1.0);
```

VEX Expressions

VEX を使うことによって、ジオメトリがもつ一般的なアトリビュートや Houdini のグローバルな変数に簡単にアクセスすることができます。これを VEX Expressions と呼びます。

よく使う VEX Expressions には次のようなものがあります。

◎ 3次元ベクトルのアトリビュート
@P：ポイントの位置
@Cd：ジオメトリ要素の色
@N：ジオメトリ要素の法線方向

◎ 整数のアトリビュート
@id：ジオメトリ要素の ID
@ptnum：ポイントの番号
@primnum：プリミティブの番号

◎ 浮動小数点数のアトリビュート
@pscale：ジオメトリ要素の均一スケール率

◎ グローバル変数
@Frame：現在のフレーム番号

条件分岐

条件分岐とは、プログラミング言語において条件に応じて実行する命令を変えたいときに利用する文法です。

VEXでは次のように記述して使います。

```
int a = 3; // aという名前の変数を作り、3を代入する
int b = 6; // bという名前の変数を作り、6を代入する
if(a > b){
    i@val = 0; // aがbより大きいときにvalという名前のアトリビュートに0を格納する
}else if(a == b){
    i@val = 1; // aとbが同じ値のときにvalという名前のアトリビュートに1を格納する
}else{
    i@val = 2; // bがaより大きいときにvalという名前のアトリビュートに2を格納する
}
```

ループ

ループとは、プログラミング言語において指定した条件を満たすまで任意の処理を繰り返すための文法です。

VEXでは次のように記述して使います。

```
// 中身がからっぽの整数の配列を作る
int a[] = {};
// 10回ループを回す（整数iが0から9になるまで1ずつ繰り上がる）
for(int i=0; i<10; i++){
    // 配列に変数iの値を追加する
    push(a, i);
}
i[]@vals = a; // valsという整数の配列のアトリビュートにaのなかにある値を格納する
```

関数

関数とは、プログラミング言語において任意の処理をまとめておき、後から呼び出せるようにするための仕組みです。関数の種類には2つあり、1つは値を返さない関数で、もう1つは値を返す（関数自体を値として利用できる）関数です。また、関数には任意にパラメータを設定することもできます。

VEXで値を返さない関数は次のように記述します。

```
// 2つの整数をパラメータとしてもつ、sampleFunctionという名前の関数を作る
void sampleFunction(int a; int b)
{
    // 2つの整数値を使って計算を行う
    int c = a + b;
    // 計算結果の値をvalというアトリビュートに格納する
    f@val = c;
}
// sampleFunctionという関数を、1と2という2つの整数値をパラメータ値として呼び出す
sampleFunction(1, 2);
// -> 3という値がvalというアトリビュートに格納される
```

VEXで値を返す関数は次のように記述します。

```
// 2つの整数をパラメータとしてもつ、sampleFunctionという名前の関数を作る
int sampleFunction(int a; int b)
{
    // 2つの整数値を使って計算を行う
    int c = a + b;
    // 計算結果の値を関数自体の値として出力する
    return c;
}
// sampleFunctionという関数を1と2という2つの整数値をパラメータ値として呼び出し、
// その結果をvalという名前のアトリビュートに格納する
f@val = sampleFunction(1, 2);
```

Wrangleノードのパラメータの登録方法

パラメータの登録の項で説明した方法で、Wrangleノードにもパラメータを追加することができます。Wrangleノードのパラメータの登録の方法には比較的簡単なもう1つのやり方があるので、その方法を説明します。

まず、VEXの関数には「ch」という単語が手前につくものがいくつかあります。これらの関数は、ノードのパラメータの値を読み込むために用いられます。例えば次のような関数があります。

◎ chi( )：ノードの整数のパラメータを読み込む関数
◎ chf( )：ノードの浮動小数点数のパラメータを読み込む関数
◎ chs( )：ノードの文字列のパラメータを読み込む関数

これらの関数の引数には、読み込みたいノードのパラメータまでのパスを文字列で入力するのですが、パスの代わりに単一の名前（たとえば"parm"など）を入力し、Wrangleノード上の次の画像に示されたボタンをクリックします。

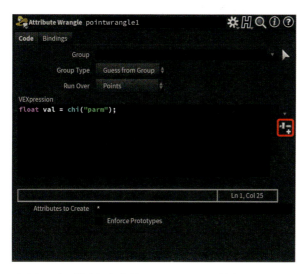

すると、その指定した名前で Wrangle ノード上にパラメータが自動で生成されます。

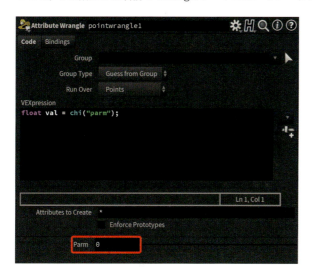

レシピでも「ch」と名前がついた関数がよくでてきますが、基本的にはこのように Wrangle ノードにパラメータを作ると非常に楽になります。

2-4 Expression関数の基礎

Houdiniには、VEXのスクリプトの他にHScriptと呼ばれる古いスクリプトが存在しています。HScriptがもつ関数はExpression関数と呼び、主にパラメータのチャンネルのなかで使われ、チャンネル内で計算を行なったりする際に利用されます。例えば次のようなExpression関数があります。

- ◎ opinput( )：ノードの名前を取得する関数
- ◎ sin( )：サイン関数
- ◎ point( )：ポイントのアトリビュートにアクセスするための関数

point( )やopinput( )は、例えば次のように利用します。

```
// 1番目のインプットに繋げたジオメトリがもつ、一番最初のポイントのアトリビュートで、
// "P"（ポイントの位置）のYの値を返す
point("../" + opinput(".", 0), 0, "P", 1)
```

VEX関数と同じで、Expression関数を利用するためにはどのようなパラメータを入力する必要があるのかを把握しておく必要があります。Expression関数のレファレンスページ（http://www.sidefx.com/docs/houdini/expressions/index.html）には関数の一覧があるので、そこから使いたい関数のページへ飛んで情報を調べることができます。

opinput関数のページ

2-5 For-Eachノードの基礎

VEXのループは便利でよく使いますが、ループ処理が行えるのはあくまでVEXのコードのなかに書かれた処理だけで、SOPノード自体の機能のループには使うことができません。SOPノードによる処理をループで回したい場合は、For-Eachノードを使います。

For-Eachノードには、ループを回す対象に応じていくつか種類があります。よく使われるのが次の3つのFor-Eachノードです。

◎ For-Each Number：指定した回数だけループを回す
◎ For-Each Point：ポイントの数だけループを回し、1つ1つのポイントを個別にコントロールできるようにする
◎ For-Each Primitive：プリミティブの数だけループを回し、1つ1つのプリミティブを個別にコントロールできるようにする

For-Eachノードの種類

For-Eachノードのいずれかの種類のノードを配置すると、その種類に応じて2つか3つのノードがセットで配置されます。基本的には、「foreach_begin」と名前がつけられたBlock Beginノードと、「foreach_end」と名前がつけられたBlock Endノードが1セットとなって配置されます。For-Each Numberを配置した場合は、この2つの基本のノードに加えて「foreach_count」と名前がつけられたBlock Beginノードが配置されます。

「foreach_begin」ノードと「foreach_end」ノードの間に、ループ処理を行いたい SOP ノードを差し込むことでループを実行することができます。また、現在ループの何回目なのかを知りたい場合は、「foreach_count」ノードのディテールの「iteration」という名前のアトリビュートから取得することができます。

For-Each Number の使い方の例として、1個の球体をループの数だけ少しずつ回転して環状に配置する場合を考えてみます。図のようにノードをそれぞれつなぎ、Point Wrangle ノードに次のようにコードを記述します。

```
// Wrangleノードの1番目のインプットにつながっている
// 「foreach_count」という名前のノードから現在のループの番号を取得する
int iteration = detail(1, "iteration");
// ループの番号を利用して回転角度を作る
float angle = radians(iteration * 36.0);
// 球体を角度と三角関数を利用して環状に配置する
@P = set(cos(angle), 0, sin(angle)) * 5;
```

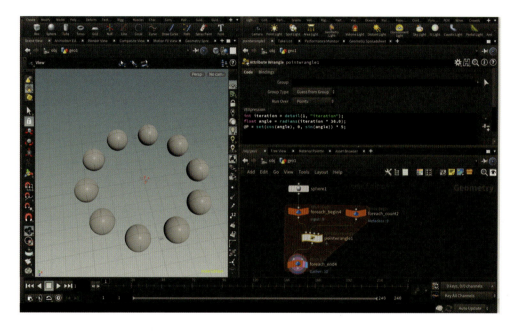

For-Each ノード自身もいくつかパラメータをもっていて、そのパラメータを調整することでデフォルトの状態とは違う形でループを行うことも可能です。特にループの種類を決める上で重要なパラメータが、「foreach_begin」ノードの Method というパラメータと、「foreach_end」ノードの Gather Method というパラメータです。この2つのパラメータの組み合わせによって、例えばフラクタル形状を作るための再帰計算なども可能になります。これに関しては、本書のいくつかのレシピでパラメータをデフォルトから変更してループを行っているので、そこで具体的な使い方を確認してください。

「foreach_begin」ノードの Method パラメータ

「foreach_end」ノードの Gather Method パラメータ

2-6 Solverノードの基礎

For-Eachノードによるループ処理は、1フレーム内で完結する処理です。それに対して、流体の動的なシミュレーションのように、途中経過も含めて見せる必要があり、かつ事前の状態を利用して次の計算を行う必要があるものに関しては、Solverノードを使います。このノードを使うことで、フレーム単位で計算を積み重ねることができます。

Solverノード

Solverノードは、そのなかに独自にネットワークをもっていて、ダブルクリックするとそのネットワークに入ることができます。このネットワークのなかで任意の処理を記述していくことになります。

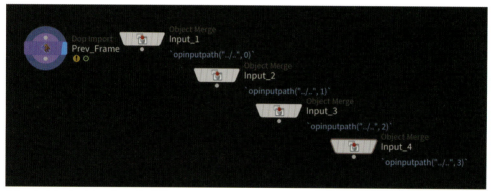

Solverネットワークの中身のデフォルトの状態

Solverネットワークには、最初からいくつかのノードが配置されています。一番重要なのが「Prev_Frame」と名前がついたノードで、このノードから直前のフレームの状態を取得することができます。直前のフレームがない一番最初のフレームのときは、Solverノードの1つ目のインプットにつなげたジオメトリが参照されます。

その他、4つある「Input」という名前がついたノードからは、それぞれの順番に応じてSolverノードの4つのインプットにつなげられたジオメトリを取得することができます。例えば、Solverノードの2番目のインプットにSphereをつないだ場合は、Solverネットワークの「Input_2」というノードからそのSphereを参照することができます。

そして、このSolverネットワークのなかのDisplay Flag（各ノードのアイコンの一番右にある青いフラグ）がついているノードが次のフレームに移ったときに、Prev_Frameという名前のノードから、直前のフレームのSolverネットワークで計算した結果のジオメトリを取得することができます。

簡単な使い方の例としては、次のような流れが考えられます。

まず、次の図のように、Sphere ノードを Solver ノードの 1 つ目のインプットにつなぎます。

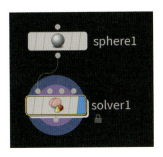

Solver ネットワークに入り、Transform ノードをつなげます。Transform ノードには X 方向への微小な移動値と、Y 軸を中心とした回転角を設定しておきます。Display Flag を Transform につけた上で、ネットワークから出ます（ネットワークペインの上部にある「geo1」と書かれた Geometry ノードのアイコンをクリックする）。

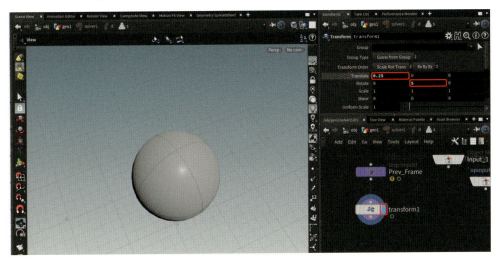

Solver ノードが配置してある Geometry ノード下のネットワークまで戻ったら、Solver ノードの Display Flag がついていることを確認して、タイムラインの再生ボタンを押します。すると、時間の経過に応じて球体が円弧を描くように移動するはずです。直前のフレームの位置から、少しだけ回転と移動が毎フレーム行われることにより、このようなアニメーションが作られています。

本書のレシピの多くでは、この Solver ノードを用いてシミュレーションを作っています。応用的な使い方は各レシピで確認してみてください。実に様々な使い方がある、とても強力なノードです。

Chapter **3**

レシピ編

本章では、全16種類のアルゴリズミック・デザインについて、生成する対象がもつ
アルゴリズムに関する詳細な説明と、それをHoudiniを使って実現する具体的な手順を解説しています。

01 **Mandelbulb** マンデルバルブ ___044

02 **Chladni Pattern** クラドニ・パターン ___056

03 **Reaction Diffusion** 反応拡散系 ___070

04 **Diffusion-Limited Aggregation** 拡散律速凝集 ___084

05 **Iris** 虹彩 ___098

06 **Magnetic Field** 磁場 ___112

07 **Space Colonization** スペース・コロナイゼーション ___132

08 **Curve-based Voronoi** 曲線ベースのボロノイ ___150

09 **Differential Growth** 分化成長 ___164

10 **Strange Attractor** ストレンジ・アトラクター ___176

11 **Fractal Subdivision** フラクタル・サブディビジョン ___186

12 **Swarm Intelligence** 群知能 ___202

13 **Frost** 霜 ___222

14 **Edge Bundling** エッジ・バンドリング ___254

15 **Snowflake** 雪の結晶 ___272

16 **Thermoforming** 真空成形 ___300

01

Mandelbulb
マンデルバルブ

マンデルブロ集合とは、数学者のブノワ・マンデルブロにちなんで名前がつけられた 2 次元平面上の点の集まりのことで、その集合の結果がフラクタル図形になる特徴を持っています。「フラクタル」とは、「自己相似性」と呼ばれる、部分的にはどのようなスケールで見ても同じフォルムが確認できる特性を持つもののことです。マンデルバルブは、このマンデルブロ集合を 3 次元に拡張したもので、3 次元空間上にまるでブロッコリーのようなフラクタル図形を形成することができます。
この章では、マンデルブロ集合とマンデルバルブの 2 つの仕組みと、それをどのように Houdini で再現することができるかについて解説をします。

Mandelbulbのアルゴリズム

✳ マンデルブロ集合を表現する複素平面について

マンデルブロ集合を表す点の集合は 2 次元の平面上に存在しますが、その際、便宜上それを複素平面で表します。複素平面を利用することで、1 つの数（複素数）を使って座標の位置を指定することができるようになります。複素平面上の任意の点 c は、以下のように表現します。

$$c = a + bi$$

例えば、$2+3i$ と表される複素数は、X 座標の位置が 2 で、Y 座標の位置が 3 の点の座標位置を示しています。これに虚数 i を掛けると $-3+2i$、つまり X 座標の位置が -3 で、Y 座標の位置が 2 となり、ちょうど原点（0,0）を中心に反時計回りに 90 度回転した位置に点が移動します。

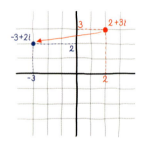

このように、複素平面は点の移動や回転を虚数の掛け合わせを利用することで簡単に行うことができるという性質を持っているため、2 次元空間を扱う際には非常に便利です。

✳ マンデルブロ集合のアルゴリズム

複素平面上でのマンデルブロ集合は、次のような定義式で表現されます[★1]。

$$\begin{cases} z_{n+1} = z_n^2 + c \\ z_0 = 0 \end{cases}$$

この連立方程式は複素数を用いた数列を表しており、これを「複素数列」と呼びます。c は、平面上にある各点の座標を複素数で表したものとなります。この式にある n を、0 から始めて 1 ずつ繰り上げていくことで、各点における z_{n+1} の値が更新されていきます。n を無限に上げていった際に、z_{n+1} の値が極端に大きな値になった場合、それを「無限に発散した」と表現します。そして、この無限に発散した点を平面から取り除いた点の集合がフラクタル図形を形成します。これを「マンデルブロ集合」と呼びます。

この過程を視覚的に説明したいと思います。まず、任意の平面をグリッド上に分解し、そのグリッドを構成する平面上の任意の各点を c と表現します。ここで、複素平面上の点は $a+bi$ で表せること

★1 https://en.wikipedia.org/wiki/Mandelbrot_set

を思い出してみましょう。

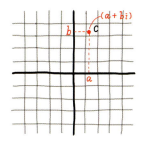

任意の点 c を起点に先ほどの連立方程式を解いてみると、次のような流れになります。

$$\begin{cases} z_0 = 0 \\ z_1 = a + bi \\ z_2 = (a^2 - b^2 + 2abi) + a + bi = (a^2 - b^2 + a) + (2ab + b)i \end{cases}$$

これを n 回繰り返すと、次のような式が得られます。

$$z_{n+1} = (a_n^2 + b_n^2 + a) + (2a_n b_n + b)i$$

この式の a_n と b_n は、n 回計算を繰り返した際の係数です。実際に計算してみるとわかるのですが、この連立方程式を使って得られた z の値もまた、虚数 i を含む複素数となります。

$$z_{n+1} = (\underbrace{a_n^2 + b_n^2 + a}_{c\ =\ a}) + (\underbrace{2a_n b_n + b}_{+\ bi})i$$

つまり、平面上の座標点 $(a_n^2 + b_n^2 + a, 2a_n b_n + b)$ を表しているのです。これは、n を 1 ずつ繰り上げて計算を重ねるたび、最初は X=a、Y=b の位置にあった点が、複素数同士の計算により別の位置に移動しているということです。そして、計算を開始した任意の点 c の位置によっては、計算を何度か繰り返すと原点から非常に遠い場所に点が移動していきます。この状態を「発散した状態」と表現します。

この点がどんどん発散していく様が描写されることはあまりないのですが、なんといってもこの発散の過程がマンデルブロ集合のアルゴリズムの非常に面白い点で、ある種の幾何学模様を描きながら発散していく様子を確認することができます。

グリッドに乗っていた点が計算を繰り返すことで発散している様子

そして、この発散した点の元になった起点を削除していくと、結果としてマンデルブロ集合のフラクタル図形を得ることができます。

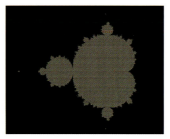
発散した点の起点をグリッドから取り除いた状態

計算を繰り返せば繰り返すほど、発散の精度が上がり、その結果作られる図形も細かくなっていきます。ただ、完全なフラクタル図形であれば全体と部分に完全な相似性が見られるものですが、マンデルブロ集合による図形の場合、全体と部分では異なった形状になっており、そういう意味では特殊なフラクタル図形と言えます。

❋ マンデルバルブのアルゴリズム

2次元であるマンデルブロ集合の作り方を説明したところで、今度はそれを3次元に拡張したマンデルバルブのアルゴリズムを説明します。

マンデルバルブにより描写される形状は、自然界に見られるような植物的な形状に近いものです。マンデルバルブの図形の場合も、部分内では自己相似性を確認することができますが、全体と部分とを比較したり、部分と部分を比較してみると、相異なる形状になっていることが確認できます。そういった意味では、マンデルバルブもマンデルブロ集合と同様に、自己相似ではない特殊なフラクタル形状であると言えます。

3次元化したマンデルバルブ[★2]

マンデルバルブによる図形は、マンデルブロ集合による図形と同じように、計算のステップを繰り返すことでより緻密なディテールを持った形状になっていき、ときに植物的なフォルムをしていたり、ときに流体のような流れのあるような形になったりと、どこで切り取っても魅力的な形状をしています。

一方、マンデルバルブでは、マンデルブロ集合と違って複素平面は使えません。というのも、複素数は3次元には展開できないからです。その代わりに、半径と角度を利用することで座標を指定する方式である極座標系を利用することにします。3次元空間における極座標系は、球体の上に乗っている点の位置を指定するイメージです。半径 r の球体に乗った点の位置を表すためには、原点からの距離を表す半径 r と、2つの角度（下の式では θ と ϕ）の組み合わせによって点の位置を表すこと

★2 https://en.wikipedia.org/wiki/Mandelbulb

ができます。それを踏まえた上で、マンデルバルブの定義式は次のように表現されます[★3]。

$$\begin{cases} v_{n+1} = v_n + c \\ v_n = r_n^m \langle \sin(m\theta_n)\cos(m\phi_n), \sin(m\theta_n)\sin(m\phi_n), \cos(m\theta_n) \rangle \\ v_0 = 0 \end{cases}$$

また、この式で使われている v 以外の個々の値は次のような式で表されます。

$$\begin{aligned} r_n &= \sqrt{x_n^2 + y_n^2 + z_n^2} \\ \phi_n &= \arctan(y_n/x_n) \\ \theta_n &= \arctan(\sqrt{x_n^2 + y_n^2}/z) \\ c &= \langle x, y, z \rangle \end{aligned}$$

なお、この式で使われている m は任意の固定の係数で、この数を変化させることによって、最終的なマンデルバルブの形態に変化をもたらすことができます。具体的にどのような変化かと言うと、その数が大きくなればなるほどマンデルバルブの枝の数が多くなり、全体の形状が球体に近づくようになります。

〈 〉で囲まれている値は X、Y、Z 座標の位置を示す 3 次元のベクトルを意味しています。そしてマンデルブロ集合のときと同じように、ここでの c は 3 次元空間上の計算をする前の任意の点の位置を表し、また n の値を 0 から始めて 1 ずつ繰り上げていく過程で数列の計算を行います。そのときの v_n の値が無限に発散したかどうかを確かめ、発散した場合はその元となった点を削除します。その結果残った点が、マンデルバルブの形状となっているという寸法です。

これもまた、マンデルブロ集合と同じく非常に面白い発散の過程を見せてくれます。実際に発散の様子を可視化してみると、だんだんとマンデルバルブのフラクタル模様が現れてきますが、計算を繰り返す度に呼吸をするように揺れ動き、まるでその様子自体が生命のようです。

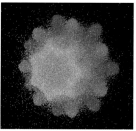

起点から計算を重ねることで
発散していく点群

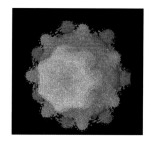

発散した点の元となった点を
3 次元グリッドの点群から取り除いた状態

★3 ★2 に同じ。

Mandelbulb のレシピ

このレシピでは、アルゴリズムの項で説明した数式を用いて、マンデルバルブ形状を再現する方法を紹介します。大きな考え方として、Houdiniのボリューム（ボクセル空間）を利用してボクセルの値を計算して、それが無限に発散するかどうかを確認し、発散したボクセルと発散しなかったボクセルの間の表層を視覚化する、という流れになります。また、マンデルバルブには、どれだけ拡大してもフラクタルな形状が永遠と続くという特徴があります。それを視覚的に確認できるようにするために、マンデルバルブの形状のある部分を拡大して見ることができるようにしたいと思います。

ネットワーク図

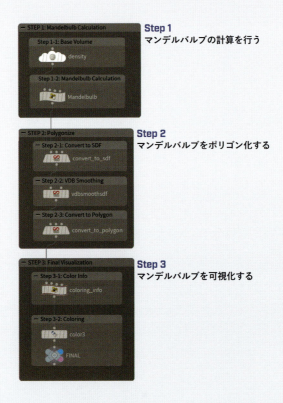

Step 1 マンデルバルブの計算を行う

Step 2 マンデルバルブをポリゴン化する

Step 3 マンデルバルブを可視化する

メインパラメータ

名前	タイプ	範囲	デフォルト値	説明
resolution	Integer	0 – 1000	200	マンデルバルブの解像度
scale	Float	0 – 1	0.75	マンデルバルブの拡大率
shift	Float	0 – 0.5	0	マンデルバルブの位置のオフセット値
iteration	Integer	0 – 10	5	マンデルバルブ計算の繰り返し回数
n	Float	0 – 10	8	係数

Step 1

1-1 ベースのボリュームを作る

まずマンデルバルブの計算を行うベースとなるボリューム（ボクセル空間）を作ります。

Volume ノード 名前を density とし、その XYZ 軸の大きさを 3 に設定します。そして Uniform Sampling Divs というパラメータを次のように設定し、メインパラメータとリンクさせてボリュームの解像度をコントロールできるようにします。

Uniform Sampling Divs: `ch("../CONTROLLER/resolution")`

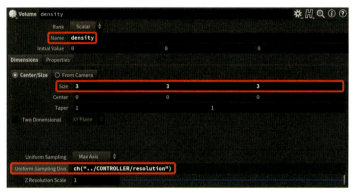

Volume ノードのパラメータ

この解像度が高ければ高いほど、より緻密なマンデルバルブの 3 次元模様を見ることができます。ただし、計算のための時間が指数関数的に増えていくことに注意してください。

1-2 マンデルバルブの計算を行う

次に、早速ボリューム空間に対してマンデルバルブの計算を行います。

Volume Wrangle ノード 1 つ目のインプットと Volume ノードのアウトプットをつなげます。そして VEX コードを次のように記述していき、マンデルバルブの計算を行います。

まずは、メインパラメータとしてコントロールしたい変数に、chi や chf 関数でプロモートした Volume Wrangle ノードのパラメータをリンクさせます。

《Mandelbulbのコード》
```
// 変数
int iteration = chi("iteration"); // 繰り返し計算の数を表すパラメータ値
float n = chf("n"); // 固定の係数を表すパラメータ値（アルゴリズムの項のmに相当）
float shift = chf("shift"); // ジオメトリの位置を移動するオフセット値を表すパラメータ値
float scale = chf("scale"); // ジオメトリの大きさをコントロールする値を表すパラメータ値
……
```

scale: `ch("../CONTROLLER/scale")`
shift: `ch("../CONTROLLER/shift")`
n: `ch("../CONTROLLER/n")`
iteration: `ch("../CONTROLLER/iteration")`

```
Scale     ch("../CONTROLLER/scale")
Shift     ch("../CONTROLLER/shift")
N         ch("../CONTROLLER/n")
Iteration ch("../CONTROLLER/iteration")
```

Volume Wrangle ノードのパラメータ

デフォルトの密度の値を設定します。

```
……
// ボリュームのすべてのボクセルの密度（density）を1に設定しておく
f@density = 1;
……
```

ボクセル空間で表示されるマンデルバルブ図形の大きさをコントロールできるようにし、またその位置をオフセットできるようにします。

```
……
// パラメータのジオメトリのオフセット値から、XYZにジオメトリを移動するための三次元ベクトルの値を作る
vector shiftv = set(shift, shift, shift);
// ボリュームの各ボクセルの位置を、パラメータのスケール値とオフセット値を使って拡大、
// 移動してアップデートする
vector c = (@P) * scale + shiftv;
// マンデルバルブの計算式を使って移動させるボクセルの初期位置を、先に作ったベクトルcから受け取る
vector v = c;
……
```

アルゴリズムの項で説明した定義式を利用して、各ボクセルの位置を指定した数だけ移動（空間の中でのジャンプ）を繰り返します。最終的に移動したボクセルの位置が無限遠に飛んだとき、その点は発散したと判断します。ただ、VEX のコードでは無限の値を表現することができないため、ここでは点の位置が原点から 100 以上離れていたときに無限遠にあると仮定しています。発散していない点の位置は原点から 0～1 の距離の範囲にあるので、100 も離れていれば無限の位置に発散したと判断してもいいでしょう。

```
……
// 指定した回数だけ、計算を繰り返し行う
for(int i=0; i<iteration; i++){
    // 変数rにベクトルvの原点からの距離を入れる（アルゴリズムの項のrに相当）
    float r = length(v);
    // 変数phiに計算値を入れる（アルゴリズムの項のφに相当）
    float phi = atan2(v.y, v.x);
    // 変数thetaに計算値を入れる（アルゴリズムの項のθに相当）
    float theta = atan2(sqrt(v.x*v.x + v.y*v.y),v.z);
    // 点を移動するときの移動距離を計算する
    float vr = pow(r, n);
    // X方向の値を計算する
    float vx = sin(n * theta) * cos(n * phi);
    // Y方向の値を計算する
    float vy = sin(n * theta) * sin(n * phi);
    // Z方向の値を計算する
    float vz = cos(n * theta);
    // 点を移動したときの新しい位置を計算する（アルゴリズムの項の$v_{n+1}$に相当）
    v = set(vx, vy, vz) * vr + c;

    // 更新されたvが無限に発散したかどうかを確認する
    if(length(v) > 100){ // 原点から100以上離れていれば発散したとみなす
        // 発散していたらdensityを0にする
        f@density = 0;
```

```
    }
}
```

移動したボクセルが発散していたとき、移動を繰り返す前の元のボクセルのボリュームの密度を 0 にすれば、発散していないボクセルと発散したボクセルを切り分けることができます。この境目を表現することで、マンデルバルブの図形が浮かび上がるという寸法です。

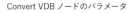

Step 2

2-1 マンデルバルブのボリュームをSDFに変換する

ボリュームのままでは詳細を視認することが難しいため、ボリュームからポリゴンに変換をします。その手順として、まずは Convert VDB ノードを使ってボリュームを SDF（符号付き距離フィールド）という別のボリューム形式に変換します。

Convert VDB ノード　1つ目のインプットと Volume Wrangle ノードのアウトプットをつなげます。パラメータの Convert To を「VDB」に設定し、パラメータの VDB Class を「Convert Fog to SDF」に設定します。

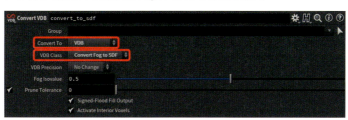

Convert VDB ノードのパラメータ

Volume ノードで作ったボリュームは Fog タイプと呼ばれるもので、ボクセル一点一点に密度を設定するため、霧のような表現をするのには向いていますが、空間全体に透明度があるサーフェスとして表現するのには向いていません。それに対して SDF という種類のボリュームでは、各ボクセルに設定された正と負の値の境目の部分を面として表現することができます。これを使うことにより、ボリュームの境目をくっきりと描写することができるようになります。

2-2　マンデルバルブのSDFをスムース化する

SDFに変換したら、そのSDFボリュームをポリゴン化に向けて多少なめらかにします。

`VDB Smooth SDFノード`　Convert VDBノードとつなげます。なめらかすぎると詳細が潰れてしまうので、パラメータのIterationは1に設定しておきます。

VDB Smooth SDFノードのパラメータ

これで、SDFのボリュームがポリゴンに変換され、ポイントやプリミティブの情報にアクセスできるようになりました。

2-3　マンデルバルブのSDFをポリゴンに変換する

再度Convert VDBノードを使って、今度はSDFからポリゴンに変換します。

`Convert VDBノード`　VDB Smooth SDFノードとつなげ、パラメータのConvert Toを「Polygons」に設定します。

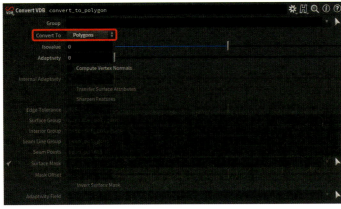

Convert VDBノードのパラメータ

Step 3

3-1 マンデルバルブの色情報を作る

ポリゴン化したマンデルバルブに、その各ポイントの法線方向に応じて色をつけたいと思います。具体的には、太陽の下のオブジェクトのように、下向きの面と上向きの面で色を変えたいと思います。そのために、ここでは Point Wrangle ノードを利用します。

`Point Wrangle ノード` 1つ目のインプットと Step 2-3 で作った Convert VDB ノードをつなげます。そして次のように VEX コードを記述します。

《coloring_info のコード》

```
// 上向き方向とポリゴンの法線との内積を計算する
float dot = dot(@N, set(0, 1.0, 0));

// 内積値をアトリビュートに格納する
f@col = dot;
```

ベクトルの内積の結果は、2つのベクトルが同じ方向を向いているほど1に近づき、反対の方向を向いているほど -1 に近づきます（2つのベクトルの大きさがどちらも1のとき）。この性質を利用して、上下方向に応じた色を設定するというわけです。

3-2 マンデルバルブに色をつける

Point Wrangle で作ったポイントの法線に応じたアトリビュートの値を使って、ポイントに色をつけます。

`Color ノード` Step 3-1 で作った Point Wrangle ノードとつなげます。パラメータの Color Type を「Ramp from Attribute」に設定し、パラメータの Attribute に「col」と設定します。また内積の結果の範囲は -1 から 1 までなので、Range を -1 から 1 に設定します。

Point Wrangle ノードのパラメータ

あとは Attribute Ramp で好きな配色を設定して、法線の方向に応じてポリゴン化されたマンデルバルブに色をつけます。この方法を使って色をつけるメリットは、ライトを配置することなく擬似的に光があたっているような様を表現することができるという点です。

以上で、マンデルバルブを可視化することができました。この状態から、メインパラメータで解像度を上げたり拡大率を上げたりすることで、マンデルバルブのより詳細なディテールを描写することができるようになります。

02

Chladni Pattern

クラドニ・パターン

固定した金属板やプラスチック板などの平面に、スピーカーなどで特定の周波数で振動を与えると、平面上で強く振動する部分と全く振動しない部分が生じます。その平面上に砂などの細かい粒子を撒けば、砂が振動しない部分へ集まることで独特な図形模様が現れます。この図形をクラドニ図形と呼びます。
この章では、クラドニ図形ができる仕組みと、それをどのようにHoudiniで再現することができるかについて解説をします。

Chladni Patternのアルゴリズム

✹ 固有振動について

物体にはそれぞれ揺れやすい振動数というものがあり、これを固有振動数と呼びます。物体を振動させると、どのような力で揺らしてもこの固有振動数で振動することが知られています。そのわかりやすい例が楽器の調律などに使われる音叉で、音叉の先端をたたくと一定の振動数をもつ音を発します。また、それぞれの物体には複数の固有振動数が存在しています。音叉もまた然りで、柔らかい槌で音叉を叩くと鈍い音が出ますが、硬い槌で叩くと高い音が出ます。

音叉

固有振動数に合った振動が外部から物体に加えられ続けると共振（外部の振動と同期して、振動が増幅される）が起こり、その物体の振動は固有振動に近づきます。このときに加える力が固有振動に合ったリズムであればあるほど、共振は起こりやすくなります。

代表的な固有振動の例として、弦の振動を見てみましょう。両端が固定されピンと張った弦を弾くと、弾いた点から両端の方向に横波が発生し、それらが両端で反射して重なり合い、その結果図のような定常波ができます。これらは弦がもつ複数の固有振動数別の形を示しています。波の山が1つの場合を基本振動、2つの場合を2倍振動と呼びます。

弦の定常波パターン

実際の振動はそれぞれの固有振動が異なる力で混ざり合って複雑な振動となっていますが、弦に与える振動を弦の特定の固有振動数に合わせると、共振によりその固定振動数での振動が強く現れるようになります。例えば、弦の1/4の位置の部分を弾くと、2倍振動の波形が比較的大きく現れます。このように、与える振動の大きさに応じて弦の振動の仕方をコントロールできるのです。

✹ クラドニ図形の仕組み

振動を与える物体の系が増えると、さらに複雑な振動を見ることができます。2次元の板状の物体の中心を固定して、スピーカーなどで周波数を変えて振動を与えると、その2軸の固有振動数に応じて共振が生じて板が上下に波打ち始めます。その波には大きく揺れ動く部分と、全く上下に揺れ

ない節の部分が存在します。

その振動は人間の目には非常に微細な変化であるため、視覚的に確認することは難しいです。そこで、ドイツの物理学者であるエルンスト・クラドニがこれを目に見えるようにする手法を考えました。揺れ動いている板の上に砂のような微細な粒子を無数にばらまくことで、この板状の固有振動を可視化することに成功したのです。それはクラドニ図形と呼ばれています。この可視化方法は面白いもので、大きく上下に揺れている山（谷）の部分の勾配と重力を利用することで、平面にばら撒かれた砂は自然と振動の節に集まることになります。

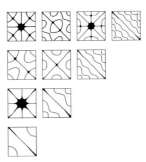

クラドニによって発見された板面に現れた模様の例（黒い部分が振動の節）

✸ クラドニ図形のアルゴリズム

中心が固定され、縁が固定されていない平面の四角い板における固有振動の式は、次のような定義式で提案されています[★1]。

$$h = C\cos\left(\frac{n\pi x}{a}\right)\cos\left(\frac{m\pi y}{b}\right) - D\cos\left(\frac{m\pi x}{a}\right)\cos\left(\frac{n\pi y}{b}\right)$$

h（実数）： 波の高さ
C, D（実数）：振動のブレンド率
x（実数）： X 軸の位置
m, n（正の整数）：加える振動に関係のある節点数
a, b（正の実数）： X 軸、Y 軸の平面の辺の長さ
y（実数）：Y 軸の位置

この式を使って、波の高さを表す h が 0 の時の x と y の値を探すことで、平面上でどの位置が振動していないかを探すことができ、それをプロットすることでクラドニ図形を描くことができます。C と D の値は振動のブレンド率を表していて、この比率に応じて縦横の振動の混ざり具合が変化します。m と n は板に加える振動の周波数と関係がある整数値で、クラドニによると次のような式で周波数を計算することができます。

$$f \sim (m + 2n)^2$$

この周波数の値に応じて、アウトプットとして得られる模様が異なってきます。こうしたパラメータを変化させて生まれる模様をグラデーションとして描写すると、とても面白い様々の模様を作ることができます。

★1 Wence Xiao. 2010 "Chadni Pattern," https://core.ac.uk/download/pdf/12517675.pdf

Chladni Pattern のレシピ

クラドニ模様は、砂が波打つ平面の振動していない部分に集めることで可視化することができます。このレシピでは、クラドニ模様を2つの要素に分けて表現します。まずは中心を固定された平面がスピーカー音などで揺れて波打つ平面を作り、その平面に砂をばらまくシミュレーションを作ります。そして、その砂が波打つ平面の勾配を滑り落ちて振動していない部分に集まる状態を作り出し、そこからクラドニ模様が浮かび上がるようにしたいと思います。

ネットワーク図

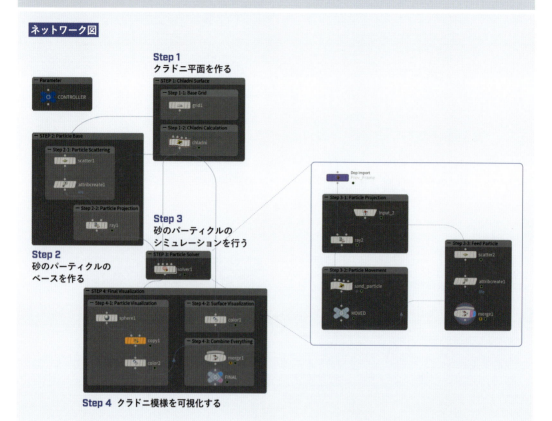

メインパラメータ

名前	タイプ	範囲	デフォルト値	説明
resolution	Integer	0 – 1000	100	グリッドの解像度
n	Float	0 – 10	6	クラドニ模様計算用の係数
m	Float	0 – 10	4	クラドニ模様計算用の係数
c	Float	0 – 1	1	クラドニ模様計算用のブレンド係数
d	Float	0 – 1	1	クラドニ模様計算用のブレンド係数
particle_num	Integer	0 – 10000	3000	砂のパーティクルの数
particle_radius	Float	0 – 0.1	0.075	砂のパーティクルの半径
particle_speed	Float	0 – 0.1	0.03	砂のパーティクルの移動スピード
wave_speed	Float	0 – 1	0.25	波打つスピード

Step 1

1-1 ベースのグリッド平面を作る

まずは、波打たせるベースの平面を Grid ノードを使って作ります。

Grid ノード　波のなめらかさに影響する Rows と Columns のパラメータを、メインパラメータである resolution とリンクします。この値が高ければ高いほど、なめらかな波を表現することができます。

Rows: `ch("../CONTROLLER/resolution")`
Columns: `ch("../CONTROLLER/resolution")`

Grid ノードのパラメータ

1-2 計算式を元に平面を波打たせる

Point Wrangle ノード　Grid ノードとつなぎます。そして次のように VEX コードを記述していきます。

chf と chi 関数で定義されている変数をプロモートし、メインパラメータとリンクしておきます。

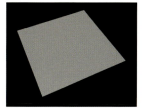

《chladni のコード》

```
// 変数
float n = chf("n");   // クラドニ模様計算用の係数n
float m = chf("m");   // クラドニ模様計算用の係数m
float c = chf("c");   // クラドニ模様計算用のブレンド係数c
float d = chf("d");   // クラドニ模様計算用のブレンド係数d
float res = chi("res"); // グリッドの解像度を表すパラメータ値
……
```

n: `ch("../CONTROLLER/n")`
m: `ch("../CONTROLLER/m")`
c: `ch("../CONTROLLER/c")`
d: `ch("../CONTROLLER/d")`
res: `ch("../CONTROLLER/resolution")`

Point Wrangle ノードのパラメータ

クラドニ模様の元となるクラドニ平面（波打つ平面）の計算を、アルゴリズムの項で紹介した計算式を使って行います。

```
……
// グリッドのそれぞれの方向のインデックス値を作る
int xid = @ptnum % res; // ポイントがX方向の何番目にあるかを取得
int yid = floor(@ptnum / float(res)); // ポイントがY方向の何番目にあるかを取得

// クラドニ計算に必要な変数を作る
float angleX = xid / float(res-1) * $PI; // アルゴリズムの項の $\frac{\pi x}{a}$ に相当
float angleY = yid / float(res-1) * $PI; // アルゴリズムの項の $\frac{\pi y}{b}$ に相当

// クラドニ模様の計算を行い、波の高さを取得する（アルゴリズムの項のhに相当）
float h = c * cos(n * angleX) * cos(m * angleY) - d * cos(m * angleX)
* cos(n * angleY);
……
```

次に、クラドニ平面の計算結果を、平面グリッドの各点の高さ（y の値）の情報として利用することで、視覚的に平面を波打たせます。また、@Frame 変数を利用することで、毎フレーム波の高さが更新され、アニメーションとして波打つ様子を再現できるようにします。

```
……
// 波の高さ情報を作る
float height = h / (c + d); // 2つのブレンド係数で波の高さを割り、波の高さを一定の範囲に
調整

// グリッドの高さを設定する
@P.y = height * sin(radians(@Frame*180*chf("wave_speed"))); // ポイントの高さを波の高さに変更し、フレームによるアニメーションも加える。このとき、wave_speedというパラメータ値を参照してアニメーションの速度をコントロールできるようにする
……
```

wave_speed: ch("../CONTROLLER/wave_speed")

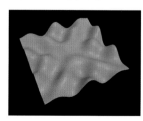

Point Wrangle ノードのパラメータ

そして、このクラドニ平面の計算結果を後ほど色情報としても使えるように、ポイントの col アトリビュートにその値を格納します。

```
……
// 高さ情報をアトリビュートに格納する
f@col = height;
```

クラドニ模様計算用の係数である n や m を変化させることで、平面に影響を与える周波数を変えることができ、これによって平面の波打ち具合をコントロールします。また、c と d というブレンド係数を 0～1 の間で変化させることで、平面の X 方向、Z 方向の波のブレンド具合をコントロールすることができます。

Step 2

2-1 砂のパーティクルのための点群を作る

Grid ノードと Scatter ノードつなげて、平面の上に無数の砂のパーティクルを配置します。

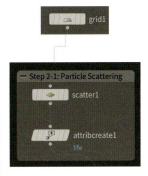

Scatter ノード Force Total Count パラメータとメインパラメータの particle num をリンクし、パーティクルの総数をコントロールできるようにします。
Force Total Count: ch("../CONTROLLER/particle_num")

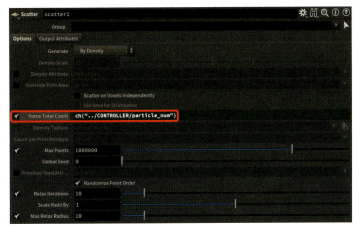

Scatter ノードのパラメータ

Attribute Create ノード Scatter とつなげて、「life」という整数のポイントのアトリビュートを作成します。この life アトリビュートは、パーティクルが生まれてからどの程度の時間生き続けるかという情報として後ほど使います。

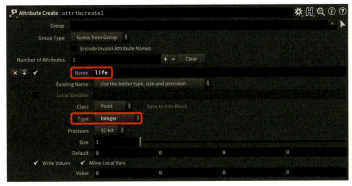

Attribute Create ノードのパラメータ

2-2 砂のパーティクルをクラドニ平面に投影する

作った砂のパーティクルの点群を、Point Wrangle で作ったクラドニ平面へ投影します。

Ray ノード 1つ目のインプットを Scatter ノードとつなげ、2つ目のインプットをクラドニ平面を作った Point Wrangle ノードとつなげます。この Ray

ノードの Direction from というパラメータを「Vector」に設定し、Y方向へのベクトルを設定します。また、Point Intersection Normal のチェックボックスをオンにすることで、クラドニ平面へ投影されたポイントの位置でのクラドニ平面の法線情報を、ポイントにアトリビュートとして格納します。

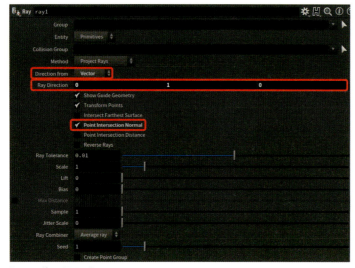

Ray ノードのパラメータ

Step 3

Step 3 では SOP ソルバーを使って、クラドニ平面の勾配を利用して砂のパーティクルを動かすシミュレーションを作ります。まず、Solver ノードを配置します。

Solver ノード　1つ目のインプットに Ray ノードをつなぎ、2つ目のインプットにクラドニ平面を作った Point Wrangle ノードをつなぎます。そして、Solver ノードをダブルクリックしてソルバーネットワークに入ります。

3-1　砂のパーティクルをクラドニ平面に投影する

まずは各フレームの最初に、砂のパーティクルがクラドニ平面上に乗っている状態にします。Ray ノードを使って、Step 2-2 で行ったように砂のパーティクルをクラドニ平面上に投影します。

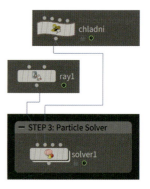

Ray ノード　1つ目のインプットと、Prev_Frame ノードのアウトプットをつなぎます。また、Ray ノードの2つ目のインプットと、Input_2 ノードのアウトプットとつなげて、クラドニ平面のジオメトリを呼び出します。Ray ノードのパラメータの Method を「Minimum Distance」にし、砂のパーティクルがどの位置にあっても必ずクラドニ平面に吸い付くようにします。また、Point Intersection Normal というチェックボックスをオンにしておき、吸い付いた位置での法線方向がポイントのアトリビュートに格納されるようにしておきます。

Rayノードのパラメータ

3-2 砂のパーティクルを勾配に沿って落とす

クラドニ平面に吸い付いたポイントを、勾配に沿って下方向に落ちるように設定します。ポイントごとに操作するため、まずはPoint Wrangleノードを配置します。

Point Wrangleノード　1つ目のインプットと、先に作ったRayノードをつないで、次のようにVEXコードを記述していきます。

まずは、chf関数で定義されている変数をプロモートし、メインパラメータとリンクしておきます。

《sand_particleのコード》
```
// 変数
float p_rad = chf("p_rad"); // 砂のパーティクルの半径
float speed = chf("speed"); // 砂のパーティクルの移動スピード
......
```

p_rad: ch("../../../../CONTROLLER/particle_radius")
speed: ch("../../../../CONTROLLER/particle_speed")

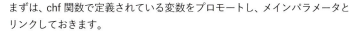

Point Wrangleノードのパラメータ

ポイントに格納された法線情報から、ベクトル計算を行って勾配に応じた下向きのベクトルを作り、そのベクトルを利用してポイントを指定のスピードで移動させます。

```
......
// 砂のパーティクルのポイントを半径分上方向（Y方向）に持ち上げる
@P.y += p_rad;

// ポイントの法線方向をXZ平面に投影する
vector axis = normalize(set(@N.x, 0, @N.z));
// Y軸に90度回転するための四元数（クォターニオン）を作る
vector4 quat = quaternion(radians(90), set(0,1,0));
// 四元数を利用して、XZ平面上に投影されたポイントの法線方向を、Y軸を中心に90度回転する
axis = normalize(qrotate(quat, axis));
// たった今回転させたベクトルを軸に、90度回転するための四元数を新たに作る
vector4 quat2 = quaternion(radians(90), axis);
// 新しく作った四元数を使って、ポイントの法線方向を回転し、勾配に沿って下を向くようなベクトルを作る
```

```
@N = normalize(qrotate(quat2, @N));

// 砂のパーティクルを、勾配のベクトルとスピードのパラメータ値を利用して移動させる
@P += @N * speed;
……
```

砂のパーティクルがどれだけ長く生きているかを可視化するために、砂のライフ値（生成されてからの時間）に応じてスケール値を設定します。

```
……
// 砂のパーティクルを表すポイントが生成されてからどれだけ時間がたったかを示す
// lifeというアトリビュートに1加える
i@life += 1;

// ポイントのlifeアトリビュートに応じて、ポイントのpscaleというアトリビュートを更新する
f@pscale = min(i@life * 0.05, 1);
……
```

最後に、砂が偏った場所に落ち着くと模様が見えにくい場合も考えられるため、新陳代謝のために life アトリビュートがある程度の値を超えたらポイント自体が削除されるように設定します。

```
……
// life アトリビュートが指定の数より大きいとき
if(i@life > 10 + rand(@ptnum * 234) * 30){
    removepoint(0, @ptnum); // 条件にマッチしたときにポイントを削除する
}
```

3-3 砂のパーティクルを補給する

次に、削除したポイント分、砂のパーティクルとして新たにポイントを追加します。

Scatter ノード　クラドニ平面を出力する Input_2 ノードのアウトプットとつなげます。パラメータの Force Total Cont を設定することで、Step 3-2 で削除されたポイントの分の数が補充されるようにします。また、ポイントの現れる位置は毎フレームランダムにするため、パラメータの Global Seed を「$F*23」に設定します。

Force Total Count: `ch("../../../../CONTROLLER/particle_num") - npoints("../MOVED")`

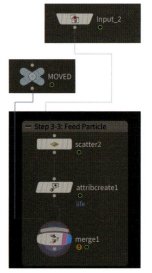

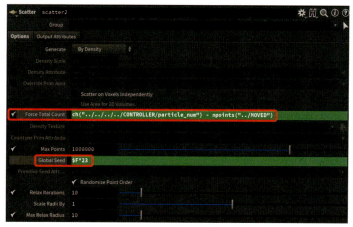

Scatter ノードのパラメータ

ここまでで、ソルバー内で行う砂のパーティクルのシミュレーションの設定は終わりです。

Step 4

4-1 砂のパーティクルを可視化する

砂のパーティクルを球体として表現します。

Sphere ノード ベースの大きさをメインパラメータでコントロールできるように、Uniform Scale を次のように設定します。

Uniform Scale: ch("../CONTROLLER/particle_radius")

Sphere ノードのパラメータ

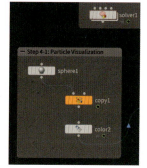

Copy Stamp ノード 1つ目のインプットと、Sphere ノードのアウトプットをつなげます。また、2つ目のインプットと、クラドニ平面上のポイントを出力する Solver ノードのアウトプットをつなげます。すると、球体がクラドニ平面上の点の位置に配置されます。また、Solver のなかで各ポイントの pscale アトリビュートを設定したことで、球体の大きさを砂のパーティクルが生きている時間に応じて変化させることができます。

Color ノード Copy Stamp ノードとつなげて、球体を好きな色に設定します。

4-2 クラドニ平面に色をつける

次にクラドニ模様を強調するために、Step 1-2 で行ったクラドニ模様の計算の結果を利用して平面に色をつけます。

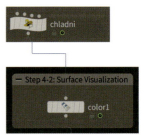

Color ノード　Step 1-2 の Point Wrangle ノードとつなげます。Point Wrangle ノードではクラドニ模様の計算結果を col というアトリビュートでポイントに格納したため、そのアトリビュートに応じて色を変化させることにします。Color ノードのパラメータの Color Type を「Ramp from Attribute」に変え、Attribute というパラメータに「col」、Range を -1 から 1 に設定します。

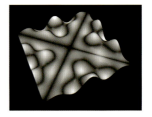

Color ノードのパラメータ

計算結果である col アトリビュートの絶対値が 1 に近いほど振動が大きいことを示していて、col が 0 に近いほど振動が小さいことを示しています。このことを念頭に、Attribute Ramp のパラメータで値に応じた好きな配色を行います。パラメータの真ん中の位置が振動が起こらない位置で（col アトリビュートが 0 の位置）、この部分を強調することでクラドニ模様をよりはっきりと浮かび上がらせることができます。

4-3 クラドニ平面とパーティクルを結合する

最後に、球体として表現された砂のパーティクルと、色付けされたクラドニ平面を結合して完成です。

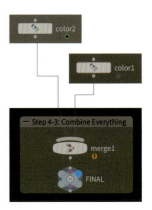

Merge ノード　Step 4-1 で作った Color ノードと、Step 4-2 で作った Color ノードを結合し、2 種類の要素が同時に表示されるようにします。

この状態でタイムラインのプレイボタンを押すと、波打つクラドニ平面上を滑り落ちる砂のパーティクルのシミュレーションの様子を見ることができます。しばらく経つと砂の位置が落ち着き、それらがクラドニ模様を描いている様を確認することができます。

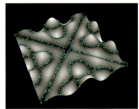

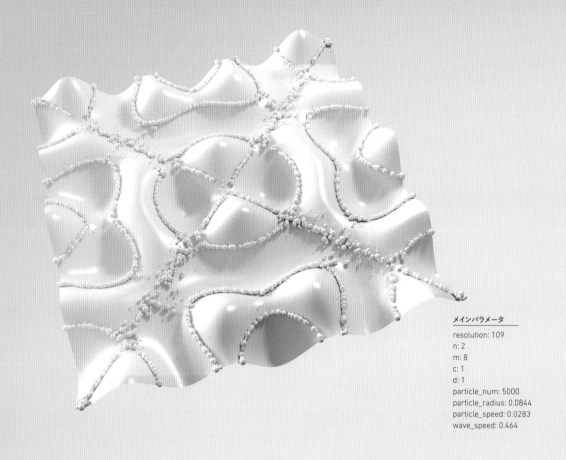

メインパラメータ

resolution: 109
n: 2
m: 8
c: 1
d: 1
particle_num: 5000
particle_radius: 0.0844
particle_speed: 0.0283
wave_speed: 0.464

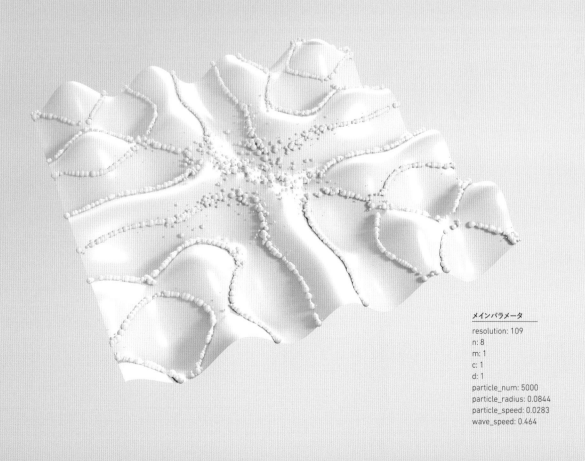

メインパラメータ

resolution: 109
n: 8
m: 1
c: 1
d: 1
particle_num: 5000
particle_radius: 0.0844
particle_speed: 0.0283
wave_speed: 0.464

03
Reaction Diffusion
反応拡散系

シマウマの身体の表面に見られるような縞模様や、ヒョウの身体に見られる斑点模様などは、自然界の様々なところで確認することができます。このような自然界に見られる模様の作られ方に注目したのが数学者であるアラン・チューリングで、彼はそれらの模様のメカニズムを 1952 年に発表した論文「形態形成の化学的基礎」で説明しました。チューリングはこの論文のなかで、シマウマの縞模様は特定の条件下において自己の表皮を触媒にすることにより起こる化学反応のシステムによるものであり、その化学反応が周期的に行われることで模様が段々と拡散し形作られていくと述べています。この化学反応システムのことを、反応拡散系と呼びます。
この章では、反応拡散系の仕組みと、それをどのように Houdini で再現することができるかについて解説をします。

Reaction Diffusion のアルゴリズム

✳ 拡散反応系のアルゴリズム（Gray-Scott モデル）

シマウマ模様を作る反応拡散系のシステムの代表的な計算モデルに、Gray-Scott モデルというものがあります。Gray-Scott モデルは、次のような化学反応のルールに基づいて模様を再現しています。

1. 模様を描写する表面上に、活性因子と抑制因子の 2 種類の分子セットが配置されている
2. 活性因子は特定の速度で増殖しようとする
3. 活性因子は表面上で抑制因子に出会うまで拡散・移動する
4. 活性因子が同時に 2 つ以上の抑制因子に囲まれたとき、抑制因子に食われて抑制因子に変わる
5. 抑制因子は特定の速度で自らの数を減らそうとする
6. 2〜4 を繰り返す
7. そのうち均衡状態になり、その結果模様を形成する

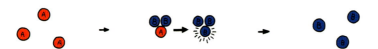

活性因子 A が
任意の供給率で足される

2 つの抑制因子 B で囲まれた
活性因子 A が抑制因子 B に変化する

抑制因子 B は任意の
殺傷率に応じて減る

このシステムは、任意の 2 次元の表面において、次のような式で表現することができます[★1]。

$$\frac{\partial u}{\partial t} = D_u \nabla^2 u - uv^2 + F(1-u)$$

$$\frac{\partial v}{\partial t} = D_u \nabla^2 v + uv^2 - (F+k)v$$

$\frac{\partial u}{\partial t}$	：時間に関する u の偏微分	$\frac{\partial v}{\partial t}$	：時間に関する v の偏微分
u	：活性因子の値（実数）	v	：抑制因子の値（実数）
$\nabla^2 u$	：活性因子 u のラプラシアンフィルタ	$\nabla^2 v$	：抑制因子 v のラプラシアンフィルタ
F	：活性因子の増殖比率係数	k	：抑制因子の減少比率係数
D_u	：活性因子の拡散比率係数	D_v	：抑制因子の拡散比率係数

任意の表面をグリッドに分解し、そのグリッドの各点にそれぞれ活性因子と抑制因子があるイメージです。その各点の活性因子の値が u、抑制因子の値が v になります。毎時間単位で、これらの各点の活性因子と抑制因子の値に偏微分 $\frac{\partial u}{\partial t}$、$\frac{\partial v}{\partial t}$ の値が加わりアップデートされます。

この計算式において注目すべき点は 2 点あります。1 点は、近傍セルとの関係を記述しているところで、自分自身のセルの値とその周りにある近傍セルの値の合計の平均値を計算するラプラシアンフィルタを使っている点です。このフィルタを使うことにより、自身がどの程度の量の活性因子あるい

★1 https://groups.csail.mit.edu/mac/projects/amorphous/GrayScott

は抑制因子に囲まれているのかを得ることができます。

そしてもう1点は、活性因子の増殖比率 F と抑制因子の減少比率 k の2つの係数です。この2つの係数の値が変化することで、それぞれの因子の増殖や減少の様子が変化し、結果的にその数値から描写される模様の見え方や生成のされ方を変化させることができるようになります。この生物的な化学反応の変化がこのアルゴリズムの面白いところで、反応がすぐおさまる係数の組み合わせもあれば、ずっと反応し続ける係数の組み合わせもあります。

有名なパターンを作る係数の組み合わせとしては、次のようなものがあります[★2]。

- ◎ Fingerprints（指紋型）　　　　F: 0.037, k: 0.06
- ◎ Solitons（自己複製型）　　　　F: 0.03, k: 0.062
- ◎ Maze（迷路型）　　　　　　　F: 0.029, k: 0.057
- ◎ Chaos and holes（カオス型）　F: 0.034, k: 0.056
- ◎ Waves（波型）　　　　　　　　F: 0.014, k: 0.045

模様は、活性因子あるいは抑制因子のどちらかをその値の大きさに応じて可視化することで現れます。活性因子の値が大きいところは抑制因子の値が小さく、活性因子の値が小さいところは抑制因子の値が大きくなります。

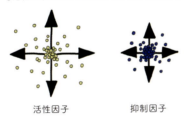

拡散（Diffusion）：活性因子と抑制因子をそれぞれ拡散することで不均等な偏りをなくす。このとき活性因子の方が抑制因子よりも速く拡散する

活性因子　　　抑制因子

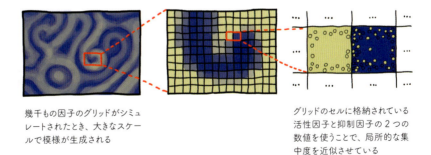

幾千もの因子のグリッドがシミュレートされたとき、大きなスケールで模様が生成される

グリッドのセルに格納されている活性因子と抑制因子の2つの数値を使うことで、局所的な集中度を近似させている

参考：Karl Sims, "Reaction-Diffusion Tutorial," http://www.karlsims.com/rd.htmlg

★2　★1に同じ。

✹ 拡散反応系の3次元への拡張

これまで説明した拡散反応系のアルゴリズムは2次元空間がベースですが、このアルゴリズムは実は簡単に3次元に拡張することができます。ポイントは、隣接したセルとの活性因子と抑制因子の関係が記述できればいいという点で（具体的にはラプラシアンフィルタを使って関係を記述します）、これができれば2次元空間であろうが3次元空間であろうが、同じような拡散反応系の計算を行うことができます。

その1つの方法として考えられるのは、3次元空間をボクセルで表現し、一点一点のボクセルの近傍ボクセルとの関係を記述する方法です。また別の方法として、メッシュポリゴンの一点一点の頂点をセルとし、その頂点からエッジで繋がっている近傍の他のセルとの関係性を記述するということも考えられます。本章のレシピでは、後者のポリゴンの頂点を利用した拡散反応系の計算を実装してみたいと思います。

Reaction Diffusion のレシピ

このレシピでは、拡散反応系の計算モデルの1つであるGray Scottモデルを利用して、2次元平面に限らず、どんな複雑な3次元のジオメトリの表面であっても拡散反応系の模様を走らせることができるシミュレーションの作り方を説明したいと思います。ここで行うのは、3次元ジオメトリのポリゴンの各ポイント同士をつなぎ合わせているエッジの情報を利用した計算方式です。これは、2次元上のシミュレーションを3次元に展開する際の応用手法として、他の場面でも利用することができる汎用性の高い便利な手法です。

ネットワーク図

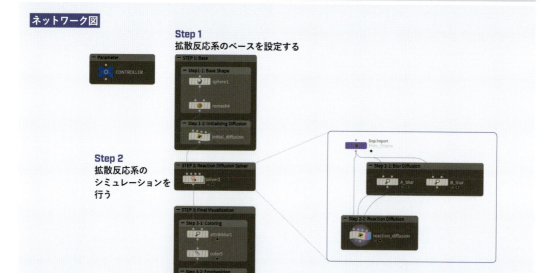

メインパラメータ

名前	タイプ	範囲	デフォルト値	説明
size	Float	0 – 10	10	模様を描く球体の半径
resolution	Float	0 – 1	0.3	模様の解像度
init_smoothness	Float	0 – 1	0.315	初期設定用ノイズのスケール値
init_min_noise	Float	0 – 1	0.09	初期設定用ノイズの最小値
init_max_noise	Float	0 – 1	0.4	初期設定用ノイズの最大値
diffusion_blur	Float	0 – 1	0.4	ラプラシアンフィルタの強さ
Da	Float	0 – 1	0.15	活性因子の拡散比率係数
Db	Float	0 – 1	0.075	抑制因子の拡散比率係数
f	Float	0 – 0.1	0.0118	活性因子の増殖比率係数
k	Float	0 – 0.1	0.04	抑制因子の減少比率係数
delta	Float	0 – 20	10	拡散反応の速度
diffusion_min	Float	0 – 1	0.27	可視化のための活性因子の最小値
diffusion_max	Float	0 – 1	0.67	可視化のための活性因子の最大値
diffusion_height	Float	0 – 5	1.5	可視化のための活性因子の高さ

Step 1

1-1 ベースのジオメトリを作る

まずは、拡散反応系の模様を走らせるベースとなる3次元ジオメトリを作ります。どんな形でもいいのですが、ここでは簡易な球体をベースに話を進めたいと思います。後ほど別の形状でも試してみてください。

Sphere ノード パラメータの Primitive Type を Polygon に、Frequency を 10 に設定します。Uniform Scale には以下のようにエクスプレッションを設定して、メインの size パラメータとリンクして球体の大きさをコントロールできるようにします。

Uniform Scale: `ch("../CONTROLLER/size")`

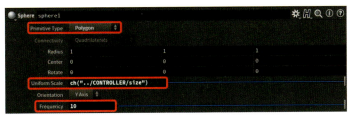

Sphere ノードのパラメータ

Remesh ノード このノードを使って、球体をなるべくエッジの長さを揃えた三角分割された形状に変換します。パラメータの Iteration を 4 に設定し、Target Edge Length をメインパラメータである resolution と以下のようにリンクして、エッジの長さをコントロールできるようにします。

Target Edge Length: `ch("../CONTROLLER/resolution")`

Remesh ノードのパラメータ

この Remesh の操作は、3次元ジオメトリ上で拡散反応系のシミュレーションを行うにあたって非常に重要なステップとなります。この操作により、ジオメトリ上の各ポイントの距離がある程度一定に保たれることになり、模様を比較的歪まずに描写することができるようになります。逆を言うと、ポリゴンの密度を場所によって変化させることで意図的に歪んだ模様を作ることが可能になります。

1-2 拡散反応系のための初期値を設定する

Remesh ノードで三角分割されたポリゴンの各ポイントに、拡散反応系のシミュレーションを行う上で必要な情報を付加します。ここでは、Point Wrangle ノードを使って必要なアトリビュートを格納します。

Point Wrangle ノード 1つ目のインプットと Remesh ノードをつなぎ、VEX コードを記述していきます。

まずは、chf 関数で定義している変数をプロモートし、エクスプレッションでメインパラメータとリンクします。

《Volume Wrangle のコード》
```
// 変数
// ノイズ関数のスムーズさを表すパラメータを読み込み、
// ノイズ関数を用いてポイントの位置に応じたランダムな値を作る
float noiseval = noise(@P * chf("smoothness"));
// ノイズ関数を使って作った値を切り取る最小値を表すパラメータ値を読み込む
float min = chf("min");
// ノイズ関数を使って作った値を切り取る最大値を表すパラメータ値を読み込む
float max = chf("max");
……
```

smoothness: ch("../CONTROLLER/init_smoothness")
min: ch("../CONTROLLER/init_min_noise")
max: ch("../CONTROLLER/init_max_noise")

Volume Wrangle ノードのパラメータ

活性因子と抑制因子の初期値を設定します。

```
……
// 読み込んだ最小値と最大値を使って、ノイズの値をクランプする
noiseval = clamp(noiseval, min, max);
// 切り取った値の範囲を0～1にリマップする
noiseval = fit(noiseval, min, max, 0.0, 1.0);

// Aのアトリビュートに、0～1にリマップした値を格納する（アルゴリズムの項の活性因子uに相当）
f@A = noiseval;
// Bのアトリビュートに、A+Bが1になるような値を格納する（アルゴリズムの項の抑制因子vに相当）
f@B = 1.0 - noiseval;
……
```

また、初期値の状態を可視化するために色を設定します。

```
……
// 0～1にリマップされたノイズ関数の値をポイントの色情報としてCd アトリビュートに格納します
@Cd = set(noiseval, noiseval, noiseval);
```

Step 2

SOP ソルバーを利用して拡散反応系のシミュレーションを行います。各フレームにおいて、直前のフレームの状態を利用した化学反応を起こして模様を成長させる、重要なステップとなります。そのために、まずは Solver ノードを配置します。

Solver ノード 1つ目のインプットと Point Wrangle ノードのアウトプットとをつなげます。Solver ノードをダブルクリックしてソルバーのネットワークのなかに入り、ここで拡散反応系のシミュレーション内容を記述していきます。

2-1 活性因子と抑制因子のぼかし値を取得する

まず、活性因子 A と抑制因子 B のそれぞれのラプラシアンフィルタを計算します。ラプラシアンフィルタとは、各ポイントにおけるオリジナルの値と、その近傍のポイント群の値にぼかしがかけられた値の差を計算する手法で、例えば画像の輪郭線を抽出するなど、主に画像処理の用途として使われているものです。

ラプラシアンフィルタに必要な情報として、各ポイントの位置における、近接のポイント群を考慮した活性因子と抑制因子のぼかしの値をまず取得する必要があります。そこで、ここでは2つの Attribute Blur ノードを配置します。

Attribute Blur ノード それぞれの1つ目のインプットと、ソルバーネットワークのなかの Prev_Frame ノードとつなげます。両方のパラメータの Step Size を、以下のようにメインパラメータの diffusion_blur とエクスプレッションでリンクすることで、ぼかし具合をコントロールできるようにします。このぼかし具合で、拡散反応系のエッジの抽出具合がコントロール可能になります。

Step Size: ch("../../../../CONTROLLER/diffusion_blur")

1つ目の Attribute Blur ノードのパラメータ

2つ目の Attribute Blur ノードのパラメータ

この Attribute Blur ノードを使うことで、2 次元平面の拡散反応系に使うラプラシアンフィルタのように、四角いピクセルに限定をすることなく、エッジでつながった隣接するポイントがいくつあるような場合でもラプラシアンフィルタを計算することができるようになります。

2-2 拡散反応系の計算を行う

次に、Step 2-1 で作った活性因子と抑制因子のぼかしの値を利用して、ポリゴンの各ポイントにおいて拡散反応系の計算を行います。本レシピのなかで、この部分が一番重要な箇所となります。

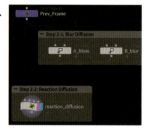

Point Wrangle ノード　1 つ目のインプットには Prev_Frame ノード、2 つ目のインプットには活性因子 A をぼかした Attribute Blur ノード、3 つ目のインプットには抑制因子 B をぼかした Attribute Blur ノードをつなぎます。その上で、次のように VEX コードを記述していきます。

まずは、chf 関数で定義している変数をプロモートし、メインパラメータとエクスプレッションでリンクします。

《Point Wrangle ノードのコード》
```
// 変数
float A = f@A; // ポイントからAという浮動小数点数のアトリビュートを取得する
float B = f@B; // ポイントからBという浮動小数点数のアトリビュートを取得する
float f = chf("f"); // fという活性因子の増殖比率係数を表すパラメータ値を読み込む
float k = chf("k"); // kという抑制因子の減少比率係数を表すパラメータ値を読み込む
float Da = chf("Da"); // Daという活性因子の拡散比率係数を表すパラメータ値を読み込む
float Db = chf("Db"); // Dbという抑制因子の拡散比率係数を表すパラメータ値を読み込む
float delta = chf("delta"); // deltaという拡散反応の速度を表すパラメータ値を読み込む
......
```

f: ch("../../../../CONTROLLER/f")
k: ch("../../../../CONTROLLER/k")
Da: ch("../../../../CONTROLLER/Da")
Db: ch("../../../../CONTROLLER/Db")
delta: ch("../../../../CONTROLLER/delta")

Point Wrangle ノードのパラメータ

活性因子と抑制因子のぼかした値を利用して、ラプラシアンフィルタの計算を行います。具体的には、ポイント自身のオリジナルの値とぼかした値の差分をとります。

```
......
// Point Wrangleの2番目のインプットから、活性因子の値 (A) にラプラシアンフィルタをかけた値を
// 読み込み、1番目のインプットから得られるポイントの活性因子の値との差分を取得
// （アルゴリズムの項の∇²uに相当）
float lA = point(1, "A", @ptnum) - A;
// Point Wrangleの3番目のインプットから、抑制因子の値 (B) にラプラシアンフィルタをかけた値を
// 読み込み、1番目のインプットから得られるポイントの抑制因子の値との差分を取得
// （アルゴリズムの項の∇²vに相当）
float lB = point(2, "B", @ptnum) - B;
```

……

ラプラシアンフィルタを計算したら、アルゴリズムの項で説明した計算式を使って拡散反応系の計算を行います。結果として、各ポイントにおける活性因子 A と活性因子 B の値が更新されます。

```
……
// アルゴリズムの項のuv²に相当
float reaction = A * B * B;
// 活性因子の核酸反応系の計算を行う（アルゴリズムの項の∂u/∂tに相当）
f@A += (Da * lA - reaction + f * (1.0- A)) * delta;
// 抑制因子の核酸反応系の計算を行う（アルゴリズムの項の∂v/∂tに相当）
f@B += (Db * lB + reaction - (k+f) * B ) * delta;

// 活性因子の値（A）を0～1の範囲でクランプする
f@A = clamp(f@A, 0.0, 1.0);
// 抑制因子の値（B）を0～1の範囲でクランプする
f@B = clamp(f@B, 0.0, 1.0);

// Aの値を使ってポイントの色を設定する
@Cd = set(f@A, f@A, f@A);
……
```

このとき重要なのが f と k の係数で、この値の組み合わせによって様々な模様の化学反応を見ることができます。基本的には、2 次元の Gray-Scott で利用している係数の組み合わせと同じものを使えば、3 次元上で同じような模様を生成することができます。

Da と Db の係数は模様の解像度と捉えることができ、値が大きければ大きいほど模様自体が大きくなります。

Delta という変数は拡散反応系の化学反応のスピードを表していて、高ければ高いほどすばやく反応をさせることができます。とはいえ、あまり高すぎるとラプラシアンフィルタとの兼ね合いでうまく輪郭を抽出できないことがあるので、そのあたりは調整が必要です。

これでソルバーを使った拡散反応系のシミュレーションは完成です。

Step 3

3-1 活性因子の値に応じて色を付ける

次に拡散反応系のシミュレーションの結果を可視化します。まずはソルバーネットワークから出て、得られた活性因子の値をなめらかにするために Attribute Blur ノードを配置します。

> **Attribute Blur ノード** 1つ目のインプットと Solver ノードのアウトプットをつなげ、パラメータの Attributes を「A」に設定します。

Attribute Blur ノードのパラメータ

Color ノード　このノードで、活性因子 A の値に応じてポリゴンのポイントに色をつけます。Attribute Blur ノードとつなげて、パラメータの Color Type を「Ramp from Attribute」に設定し、パラメータの Attribute を「A」に設定します。そして Attribute Ramp のパラメータを任意の配色で設定します。

Color ノードのパラメータ

これによって、活性因子 A の値に応じてポリゴンの色が設定されることになります。

3-2　拡散因子の値に応じてその他の情報を付加する

次に、活性因子の値の大きさに応じてポイントを法線方向に盛り上げたいと思います。そのために、ここでは Point Wrangle ノードを利用します。

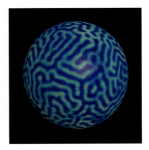

Point Wrangle ノード　次のように VEX コードを記述していきます。

まずは、chf 関数で定義している変数をプロモートし、メインパラメータとエクスプレッションでリンクします。

《Point Wrangle ノードのコード》
```
// 変数
float min = chf("min"); // 模様の透明度を設定するための最小値を表すパラメータ値を読み込む
float max = chf("max"); // 模様の透明度を設定するための最大値を表すパラメータ値を読み込む
float height = chf("height"); // 模様の盛り上げる際の最大高さを表すパラメータ値を読み込む
……
```

min: ch("../CONTROLLER/diffusion_min")
max: ch("../CONTROLLER/diffusion_max")
height: ch("../CONTROLLER/diffusion_height")

Point Wrangle ノードのパラメータ

活性因子 A の値を使って模様を丘のように盛り上げます。

```
......
// ポイントに格納されたAの値に応じて、ポイントを法線方向に移動する
@P += @N * (1.0 - f@A)*height;
......
```

ポイントのアルファ値（透明度）を設定します。ここでは、盛り上がっていない谷の部分を透明化します。

```
......
// 活性因子Aの値を反転させ、パラメータで指定された最小値・最大値でクランプする
float val = clamp(1.0 - f@A, min, max);
// クランプした値を0〜1の範囲にリマップする
val = fit(val, min, max, 0.0, 1.0);

// リマップされた値をポイントのアルファ値として、
// Alphaという名前のポイントがデフォルトで持つアトリビュートに格納する
@Alpha = val;
```

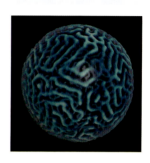

3-3 法線を整え可視化する

最後に、出来上がったジオメトリの法線を整えるためにNormalノードを使います。

Normalノード Step 3-2で作ったPoint Wrangleノードとつなげます。

以上が、3次元ジオメトリ上で拡散反応系の計算をして模様を生成する方法となります。非常に汎用性の高い手法で、複雑な形状でも同じように拡散反応系のシミュレーションを行うことができると同時に、Step 2-1とStep 2-2で説明したラプラシアンフィルタの考え方は他の場面で多用できる手法なので、是非応用してみてください。

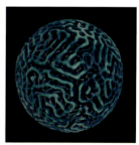

04

Diffusion-Limited Aggregation

拡散律速凝集

土壌やヒトの消化管などに存在している枯草菌と呼ばれる真性粘菌は、飢餓状態のときに凝集してコロニー（単一細胞由来の細胞塊）のパターンを形成します。その模様は枝分かれした樹木のような形状をしており、溶液中の硫化銅が電析したものや石灰表面に生じたマンガンのデンドライト（樹枝状結晶）に非常によく似ています。このような粘菌の成長や稲妻の伝播に見られる現象は、ブラウン運動する（ランダムに動く）粒子が、核となるクラスタに取り込まれ、そのクラスタを成長させる過程として再現することができます。この過程を拡散律速凝集（DLA）と呼びます。

この章では、拡散律速凝集の仕組みと、それをどのように Houdini で再現することができるかについて解説をします。

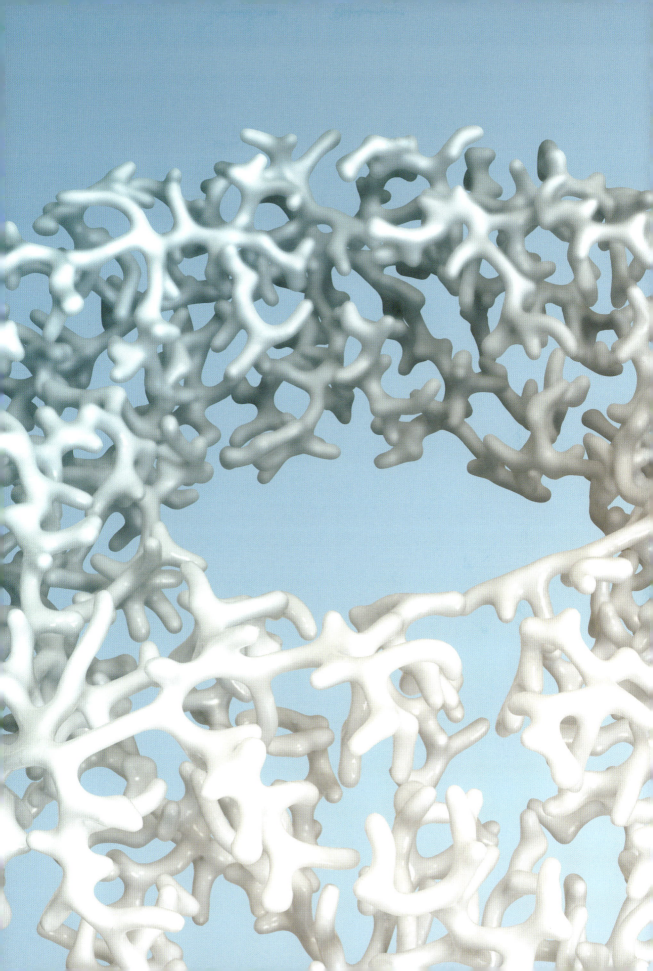

Diffusion-Limited Aggregationのアルゴリズム

✹ 拡散律速凝集（DLA）のアルゴリズム

DLAは、粘菌のように徐々に枝を伸ばして成長していく様子をシミュレートすることができるアルゴリズムです。コンピュータ上で比較的容易に作ることができ、研究目的で使われることも多いです。その具体的な流れを、粘菌の成長のシミュレーションを通して説明します。

DLAによってできた硫化銅のクラスタ[★1]

DLAは次のようなステップを踏みシミュレーションを行います[★2]。

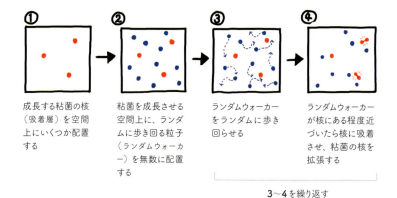

✹ 拡散律速凝集（DLA）アルゴリズムの高速化

この、ランダムに動き回る粒子（ランダムウォーカー）が粘菌の核に近づいたときに初めて核を拡張する手法には、弱点が1つあります。それは、粘菌が成長するためにはランダムウォーカーが核に近づくまで待たなくてはならず、粘菌が成長するまでには結構な時間がかかる点です。もちろん利点もあって、より現実の空間における成長過程に近い形でシミュレーションをすることができます。

ただ粘菌の形状を見せるだけであれば、ランダムウォーカーが動いている様は見せる必要がありま

★1 Kevin R Johnson, CC BY-SA 3.0 (http://creativecommons.org/licenses/by-sa/3.0/)
★2 Paul Bourke "DLA – Diffusion Limited Aggregation," http://paulbourke.net/fractals/dla

せん。そこで、この見せる必要のない過程をあえて簡略化してしまうことで、DLAの計算をより高速に行い、成長していく粘菌形状を高速にシミュレートする方法を説明したいと思います。具体的には、DLAの計算ステップを次のように変更します[★3]。

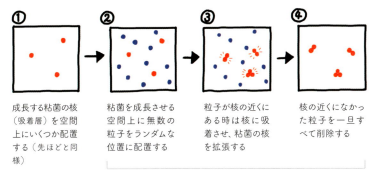

このように無数の粒子を配置した時点で核に近いかどうかの判定を行い、そこで近かったら核を拡張します。その時点で核に近い粒子を一旦すべて削除した上で、再度無数に粒子を分布させて核と近いかどうかを確かめる、という過程を繰り返します。ランダムウォークの過程をスキップすることで、見た目は変わらず高速に粘菌の生成を行うことができるようになります。

この手法は2次元であっても3次元であっても変わりなく使うことができます。本レシピでは、3次元空間上における粘菌のシミュレーションをHoudiniを使って行ってみたいと思います。

★3　"Coding Challenge #34: Diffusion-Limited Aggregation," https://www.youtube.com/watch?v=Cl_Gjj80gPE&t=220s

Diffusion-Limited Aggregation のレシピ

このレシピでは、拡散律速凝集（DLA）のアルゴリズムを利用して、任意の3次元空間のなかに粘菌を生成するシミュレーション手法を説明したいと思います。アルゴリズムの項でも説明したとおり、DLAの計算を行う際に通常使われるランダムウォークの手法は結果がでるまで時間がかかるので、すばやく結果のジオメトリの結果を得るために、擬似的なランダムウォークするポイントを利用するのが本レシピのポイントになります。

ネットワーク図

Step 1 粘菌成長のためのベースの設定をする

Step 2 拡散律速凝集（DLA）のシミュレーションを行う

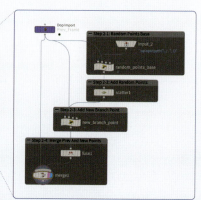

Step 3 粘菌の可視化を行う

メインパラメータ

名前	タイプ	範囲	デフォルト値	説明
source_num	Integer	0 – 10	5	粘菌の成長元の数
source_seed	Float	0 – 10	5	粘菌の成長元の位置のランダムシード値
feed_clearance	Float	0 – 1	0.2	粘菌の成長先候補のためのマージン値
feed_density	Float	0 – 1	0.2	粘菌の成長先候補の密度
branch_length	Float	0 – 1	0.1	粘菌の枝の長さ
branch_radius	Float	0 – 0.1	0.025	粘菌の枝の厚さ

Step 1

1-1 ベースのジオメトリを作る

まず、粘菌を成長させる空間を 3 次元空間を作ります。閉じたポリゴンジオメトリであればどんな形でも大丈夫ですが、ここではトーラス形状を利用することにします。

`Torus ノード` パラメータの Uniform Scale を 5 に設定しておきます。

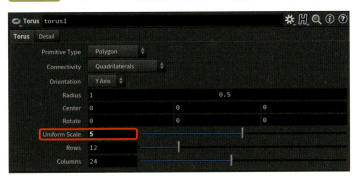

Torus ノードのパラメータ

1-2 粘菌の元となる点を作る

次に、粘菌の成長が始まる始点を設定します。粘菌自体を Step 1-1 で作ったベースのなかで成長させたいので、粘菌の始点もベースのなかにある必要があります。そのため、そのポイントを配置する候補地をボリュームとして作ることにします。

`IsoOffset ノード` Torus ノードとつなげて、パラメータの Uniform Sampling Divs を 100 に設定し、ボリュームの解像度をあげます。これによりトーラスの形状をボリュームで満たすことができました。

IsoOffset ノードのパラメータ

粘菌の始点を配置する候補地となるボリュームができたら、実際に指定の数だけそのボリュームに点をランダムに配置します。

`Scatter ノード` IsoOffset ノードとつなげます。パラメータの Force Total Count をメインパラメータとエクスプレッションでリンクし、粘菌の始点の数をコントロールできるようにします。また、パラメータの Global Seed もメインパラメータとリンクし、始点が配置される位置をランダムに変更できるようにします。

Scatter ノードのパラメータ

1-3 粘菌の元となる点の設定を行う

次に、Point Wrangle ノードを使って DLA の計算に必要なアトリビュートを各始点に付加します。

Point Wrangle ノード　1つ目のインプットと Scatter のアウトプットをつなぎ、次のように VEX コードを記述します。

《Point Wrangleノードのコード》

```
// ベースのアトリビュートを設定する
i@branch_num = -1;   // branch_numという名前の整数のアトリビュートに初期値として-1を格納
i@branch_index = 0;  // branch_indexという名前の整数のアトリビュートに初期値として0を格納
```

ここでは、各粘菌の始点の branch_num と branch_index という整数のアトリビュートに初期値を格納しています。branch_num はそのポイントがどの番号のポイントと線でつながっているかの情報となり、branch_index は何フレーム目でそのポイントが作られたかの情報になります。

Step 2

次に SOP ソルバーを使って DLA のシミュレーションを行います。各フレームにおいて、前のフレームの状態を参照して粘菌を徐々に成長させる仕組みを作ります。

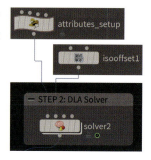

Solver ノード　1つ目のインプットと Point Wrangle ノードをつなげます。また、Solver ノードの2つ目のインプットと Step 1-2 で作った IsoOffset ノードをつなげます。Solver ノードをダブルクリックしてネットワークのなかに入ります。

2-1 ランダムウォークするポイントの配置位置の候補を設定する

まず DLA のアルゴリズムを実装するにあたって、既存の粘菌にぶつかるまでランダムに歩き回る点（ランダムウォークするポイント）を空間上に配置する必要があります。ただ今回はアルゴリズムの項でも説明したように、実際に既存の粘菌にぶつかるまで歩き回るようにすると時
間が多くかかりすぎるため、より高速に形状のシミュレーションを行うために既存の粘菌の周辺にランダムなポイントを配置し、そのポイントを粘菌に最短距離で吸着させることで「粘菌にぶつかった」とみなすことにします。

そのために、まずは周辺のポイントを配置する候補地を作る必要があります。ここではその候補地をボリュームとして作ることにします。

`Volume Wrangle ノード`　1 つ目のインプットと、トーラス形状のボリュームが得られる Input_2 ノードをつなげます。また Volume Wrangle の 2 つ目のインプットと Prev_Frame をつなげます。

その上で次のように VEX コードを記述して、既存のネットワークの近くのボリュームの密度を 0 にします。

《Volume Wrangle ノードのコード》

```
// ボリュームの各ボクセルの位置の近くにある、Prev_Frameから得られるポイントを探す。このとき、
// 探索範囲をdistという名前のパラメータから読み込む。この検索範囲内にポイントがない場合は-1を返す
int npt = nearpoint(1, @P, chf("dist"));
if(npt != -1){ // 探索範囲内にポイントが見つかったとき
    f@density = 0; // ボリュームの密度（density）の値を0にする
}
```

dist: `ch("../../../../CONTROLLER/feed_clearance")`

Volume Wrangle ノードのパラメータ

この結果得られたボリューム形状を、ランダムウォークするポイントが配置される候補地として利用できるようになります。

2-2 ランダムウォークするポイントを配置する

ランダムウォークするポイントの候補地ができたら、それを利用して実際にポイントを配置します。

`Scatter ノード`　Volume Wrangle ノードとつなげます。ここでは Volume Wrangle ノードから得られたボリュームの密度に応じて配置するポイントの数をコントロールしたいので、まずはパラメータの Force Total Count のチェックボックスをオフにして、密度に応じてポイントの数が変わるようにします。その上で、パラメータの Density Scale とメインパラメータをエクスプレッションで以下のようにリンクし、密度によってどの程度の数のポイントが配置されるかをコントロールできるようにします。最後に、パラメータの Global Seed に「$F」と入力することで、毎フレームポイントが生成される位置をランダムにすることができるようになります。

Density Scale: `ch("../../../../CONTROLLER/feed_density")`

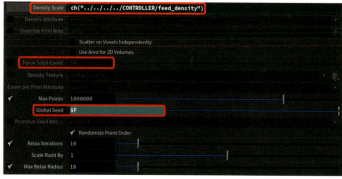 

Scatter ノードのパラメータ

2-3 ランダムウォークするポイントを既存の粘菌に吸い付かせる

ランダムウォークするポイントが空間に配置することができたら、次にやることは既存の粘菌のネットワークにその点を吸着させ、粘菌を拡張させるステップです。これを Point Wrangle を使って行います。

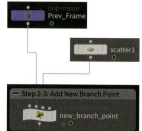

Point Wrangle ノード 1つ目のインプットと Scatter ノードをつなぎます。また 2 つ目のインプットと Prev_Frame ノードをつなぎます。その上で、次のように VEX コードを記述していきます。

まずは、chf 関数で定義している branch_length という変数を、メインパラメータとエクスプレッションでリンクしています。これを使って粘菌のネットワークの 1 つのライン分の長さをコントロールすることができるようにしています。

《Point Wrangle ノードのコード》
```
// 枝の長さを表すパラメータ値を読み込む
float branch_length = chf("branch_length");
……
```

branch_length: ch("../../../../CONTROLLER/branch_length")

Point Wrangle ノードのパラメータ

アルゴリズムの項で説明した DLA 生成の手順のなかの「吸着」と「拡張」の部分を作っていきます。具体的には、ランダムウォークする各ポイントから一番近いポイントを探し出し、その位置にランダムウォークするポイントを吸着させます。また、そのままだと粘菌が拡張しないので、吸着されたポイントを、既存の粘菌ネットワークから 1 つのライン分の長さの距離に移動させます。

```
……
// Scatterノードから生成されたポイントから一番近くにある、
// Prev_Frameから得られる枝群を構成するポイントを探す
int npt = nearpoint(1, @P);
// 一番近くにあった枝群のポイントの位置情報を取得する
vector npos = point(1, "P", npt);
// それらのポイントのbranch_indexという名前のアトリビュートに格納されている枝の番号を取得する
int bindex = point(1, "branch_index", npt);

// 一番近くにあった枝群のポイントから、Scatterノードから生成されたポイントに向かうベクトルを、
// branch_lengthの大きさで作る
```

```
vector dir = normalize(@P - npos) * branch_length;
// Scatterノードから生成された各ポイントの位置を、一番近い枝群のポイントの位置に移動し、たった今作
ったベクトルで枝の大きさ分さらに追加で移動する
@P = npos + dir;
......
```

最後に、後ほどポイントが粘菌ネットワークのどの階層にいるのかという情報を用いて線のネットワークを描写できるようにします。

```
......
// branch_numという整数のアトリビュートに、
// どの番号のポイントから移動されたかという情報を格納する
i@branch_num = npt;
// branch_indexアトリビュートに、移動元のポイントの枝の番号であるbranch_indexよりも
// 1大きい値を格納する。これにより枝の生成された順番がわかる
i@branch_index = bindex + 1;
```

2-4 既存の粘菌とランダムウォークした点を結合する

複数のランダムウォークするポイントを粘菌ネットワークに吸着させただけでは、その吸着されたポイント同士の距離が近すぎる場合があります。そこで、Fuse ノードで近すぎるポイントを1つにまとめます。

Fuse ノード Step 2-3 で作った Point Wrangle ノードとつなげます。その上で、Fuse ノードのパラメータの Distance をメインパラメータである branch_length とリンクし、ポイント間の距離が粘菌ネットワークの1ライン分より大きくなることはないようにします。これに加えて、パラメータの Keep Unused Points のチェックボックスをオンにして、プリミティブに属していないポイントが消えないように設定します。

Distance: `ch("../../../../CONTROLLER/branch_length")`

Fuse ノードのパラメータ

最後に Merge ノードを用いて、既存の粘菌ネットワークであるポイント群と新しく粘菌ネットワークを拡張する吸着されたポイントを結合します。

Merge ノード Prev_Frame ノードと、Fuse ノードのアウトプットをつなげます。

これで、ソルバーネットワーク内における DLA を利用した粘菌ネットワークの成長シミュレーションの設定は完成です。ここまでできたら、ソルバーネットワークを抜けます。

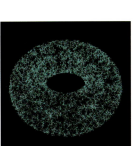

Step 3

3-1 粘菌ネットワークをラインで表現する

ソルバーネットワークにより、タイムフレームが進めば進むほど徐々に粘菌のネットワークが成長していくシミュレーションができました。とはいえ、現状はネットワークといってもポイントの集まりでしかないため、次にやることはこのネットワークを可視化することです。まずは、各ポイントに格納されたアトリビュートを利用して線を描写するために、Point Wrangle ノードを利用します。

Point Wrangle ノード　1つ目のインプットと Solver ノードのアウトプットとつなげます。そして次のように VEX コードを記述します。

《Point Wrangle ノードのコード》

```
// ソルバーで生成された各ポイントがどの点とつながっているかという情報を、ポイントに格納されている
   branch_numという名前のアトリビュートから取得する
int branch_pt = i@branch_num;

// 自身と点とつながっている点を線で結ぶ
if(branch_pt >= 0){  // 探し出した番号が0以上のとき（つながるポイントがあるとき）
    // ソルバーの各ポイントの番号を示す@ptnumと、それとつながっているポイントを示す
    // branch_ptという変数を使って、2点を結ぶラインを作る
    int polyline = addprim(0, "polyline", branch_pt, @ptnum);
}
```

これにより、点群でしかなかった粘菌のネットワークを線の集まりとして表現することができるようになります。

3-2 粘菌ネットワークをきれいにする

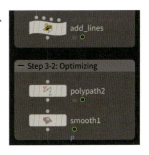

この時点で、線で表現されたネットワークを作ることができましたが、現状は一個一個の線が分離して繋がっていない状態で、2つのポイントからなる1つのプリミティブとしての線がたくさんある状態です。このままでもいいのですが、不便なところが一点あります。それは、このように分解された状態のネットワークであると、全体にスムースをかけることができないという点です。そのため、まずは可能な限りこの分離された線分のネットワークを接続します。

`PolyPath ノード`　Step 3-1 で作った Point Wrangle ノードとつなげます。また、PolyPath ノードのパラメータの Connect End Points のチェックボックスにチェックを入れます。

PolyPath ノードのパラメータ

こうすることで、可能な限りつながっている線をまとめることができるようになります。このとき、三又以上に枝分かれしている線は1つにまとめられないという点に留意する必要があります。

この状態になったら、Smooth ノードを使って粘菌のネットワークにスムースがかけられるようになります。

`Smooth ノード`　PolyPath ノードとつなげることで、ネットワークがスムースになります。

3-3 粘菌ネットワークに色をつける

次にネットワークに色付けをしていきます。ここでは、各ポイントの持つ branch_index という、そのポイントが何階層目にいるのかという情報を利用して色付けをしたいと思います。その上で、まず必要な情報は、すべてのポイントのなかで一番下の階層の番号です。これを Attribute Promote ノードを利用して取得します。

`Attribute Promote ノード`　Smooth ノードとつなげます。パラメータを次のように設定して、ディテールの branch_max というアトリビュートに全ポイントの中で一番大きい branch_index が格納されるように設定します。

Attribute Promote ノードのパラメータ

次に Point Wrangle ノードを使って、各ポイントに格納されている branch_index の情報を 0〜1 の

間の数値にリマップすることで、色情報として利用しやすいようにします。

`Point Wrangle ノード` Attribute Promote ノードとつなげて、次のように VEX コードを記述します。

《Point Wrangle ノードのコード》

```
// ディテールのbranch_maxというアトリビュートから、枝の番号の最大値を取得する
int branch_max = detail(0, "branch_max");

// ポイントの色情報として利用する浮動小数点数のcolというアトリビュートに、
// 枝の番号を番号の最大値を利用して0～1の範囲にリマップして格納する
f@col = i@branch_index / float(branch_max);
```

そして次に Color ノードを使って、たった今作ったこの col というアトリビュートに応じて粘菌ネットワークに色をつけます。

`Color ノード` パラメータの Color Type を「Ramp from Attribute」にして、Attribute を「col」に設定します。その上で、Attribute Ramp というパラメータで、col の値に応じたグラデーショナルな色を作ります。

Color ノードのパラメータ

これで色がついた粘菌のネットワークを作ることができました。

3-4 粘菌ネットワークに厚みをつける

最後のステップとして、この粘菌のネットワークに厚みをつけてレンダリング可能な状態にしたいと思います。

`PolyWire ノード` パラメータの Wire Radius をメインのパラメータである branch_radius とリンクし、ネットワークの厚みをコントロールできるようにします。また、パラメータの Divisions を 10 に設定して、断面が円形のパイプネットワークになるようにします。

Wire Radius: `ch("../CONTROLLER/branch_radius")`

PolyWire ノードのパラメータ

これで粘菌ネットワークの厚みをコントロールできるようになり、粘菌ネットワークは完成となります。あとはメインのパラメータの数値を様々に変えることで多様な粘菌ネットワークの生成を試すことができるようになります。あるいは、ベースのトーラス形状自体を別の閉じたポリゴンと入れ替えることで、任意のジオメトリのなかで粘菌ネットワークを成長させることもできるようになります。

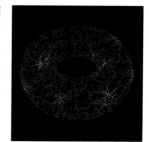

05

Iris
虹彩

人の瞳はそれぞれに異なる色や繊維の流れを持っていますが、それを決定しているのが、黒い瞳孔の周辺にある虹彩と呼ばれる薄い膜です。虹彩は、手前にある実質層と奥にある上皮という2つの細胞のレイヤーでてきていて、実質層で瞳の色や繊維の流れが決定されます。瞳を拡大して見ると、無数の白いコラーゲンの繊維が虹彩の外周から瞳孔に向かって伸びてネットワークを形成しているのが確認できます。この流れは人によって様々で、ほぼすべての繊維が直線的に伸びていることもあれば、波のように揺らいでいたり、花のような模様になっていることもあります。
この章では、この瞳の虹彩の無数の繊維の流れの仕組みを考え、それをどのように Houdini で再現するかについて解説をします。

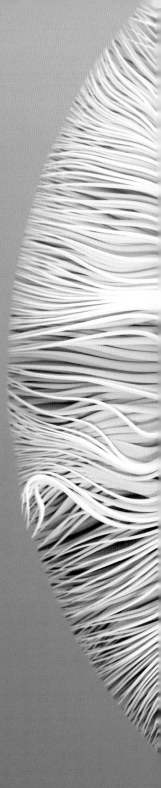

Iris Networkのアルゴリズム

✺ 虹彩の繊維ネットワークのタイプ

瞳の虹彩に見られる繊維状のネットワークを生成するアルゴリズムについて研究している例は、これといってありません。ですので、ここでは瞳の写真からどのような仕組みを作ればその繊維のネットワークを再現することができるかを考えてみます。

まずは、どのようなタイプの繊維の流れがあるかを見てみます。Rayid International という団体が瞳の状態によって人の性格などを診断する Rayid モデルというものを提唱しているのですが、そのなかで虹彩の繊維の流れの種類を大きく2つに分類しています。そこでは、瞳の外周から中心の黒い点に向けて直線的に流れているタイプを Stream、瞳の外周近くに花びらのような流れが確認できるタイプを Flower と呼んでいます。

Stream タイプ [★1]

Flower タイプ [★2]

Flower タイプをよく見てみると、手前にある繊維は花びらのような形状を作っているものの、奥の方にある繊維は Stream のそれと同じように瞳の中心にむかって直線的に伸びている線が多いことに気がつきます。そういう意味では、Flower タイプは、前面で何かしらの力が加わることで生まれた Stream タイプの亜種とも捉えることができそうです。

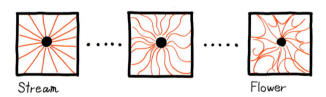

ここでは Stream のタイプをベースに考えて、具体的にどのようなアルゴリズムを記述すればこのようなネットワークを再現できるかについて考えてみます。

✺ 虹彩の繊維ネットワークのアルゴリズム

まずベースの考え方として、虹彩の空間には何かしらの力場が流れていると仮定します。その力場によって線が Stream のように中心の円に引っ張られたり、あるいは Flower のように花びらのような形状を形成したりするものとします。そしてその空間の前後（瞳を正面から見たときの手前と奥）では異なる力場が流れていて、手前にくればくるほど Flower のような形状を形成する力場ができやす

★1 Alexandra Meadors, CC BY 4.0（https://galacticconnection.com/what-does-the-structure-of-your-iris-say-about-you/）
★2 https://rayid.com/iris-patternsstructures/

いと仮定してみましょう。

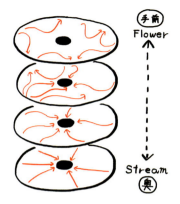

具体的には、奥の階層であればあるほど虹彩の外周から中心への流れの力が強くなり、手前にいけばいくほどその力に加えて乱気流のような力が強く働いて、一番手前まで来ると中止に向かう力は弱まり乱気流の力が主になっていると想像してみます。

このような力場があると仮定して、それぞれの階層において、虹彩の外周部を端部にもつ糸を空間にゆるく垂らしたときのことを考えます。奥の階層では、糸のもう一方の端部は瞳の中止の黒い円に吸い込まれることになります。そして手前にいけばいくほど、黒い円に向かう流れはなくなってよりランダムな方向に糸が流れ、時には中心にくるかもしれないし、あるいは外周に戻ってしまうこともあるでしょう。本レシピでは、この仮定に基づいたアルゴリズムを作成してみたいと思います。

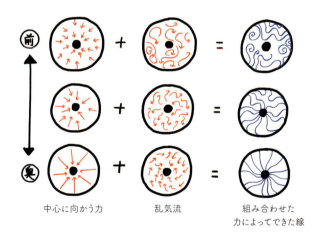

Iris Network のレシピ

このレシピでは、瞳の虹彩に見られる繊維ネットワークの形状を再現する方法を説明します。瞳の観察に基づき、手前にある繊維ネットワークはより揺らいでいて、奥に行けば行くほどその揺らぎは薄くなります。また、瞳孔（瞳の黒い点）の部分は穴が空いている状態にし、なおかつ全体がレンズの形状になるようにしたいと思います。

ネットワーク図

Step 1
瞳のベースを作る

Step 2
繊維ネットワークのための
ベクトル場を作る

Step 3
瞳の繊維ネットワークを
編集する

Step 4
瞳の繊維ネットワークを
可視化する

メインパラメータ

名前	タイプ	範囲	デフォルト値	説明
height	Float	0 – 5	1	瞳全体の高さ
outer_radius	Float	0 – 10	5	瞳の虹彩の半径
inner_radius	Float	0 – 10	1	瞳の瞳孔の半径
num_points	Integer	0 – 3000	3000	繊維ネットワークの数
turbulance_min_scale	Float	0 – 2	0.035	高さに応じた乱気流ノイズの最小値
turbulance_max_scale	Float	0 – 2	1.5	高さに応じた乱気流ノイズの最大値
turbulance_smoothness	Float	0 – 2	1.45	乱気流ノイズのスケール値
fiber_radius	Float	0 – 0.1	0.1	繊維ネットワークの厚さ
random_seed	Integer	0 – 1000	724	繊維ネットワークのランダムシード値

Step 1

1-1 瞳の虹彩のベースとなる円形を作る

まず瞳の虹彩のベースとなる円を作ります。

`Circle ノード` パラメータの Primitive Type を「NURBS Curve」に、Orientation を「ZX Plane」に設定します。その上で、Uniform Scale をメインパラメータである outer_radius とエクスプレッションでリンクすることで、半径をコントロールできるようにします。

Uniform Scale: `ch("../CONTROLLER/outer_radius")`

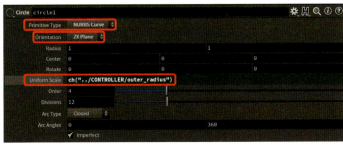

Circle ノードのパラメータ

1-2 繊維ネットワークのための空間を作る

次にこの円を3次元に立ち上げることで、繊維ネットワークのための空間を作ります。

`PolyExtrude ノード` 1つ目のインプットと Circle ノードのアウトプットをつなげます。パラメータの Distance をメインパラメータである height とエクスプレッションでリンクし、高さをコントロールできるようにします。また、Extrusion タブにある Output Front というチェックボックスのチェックを外すことで、側面だけが生成されるようにします。

Distance: `ch("../CONTROLLER/height")`

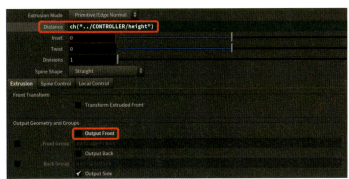

PolyExtrude ノードのパラメータ

PolyExtrude で生成されたジオメトリは Y 軸のマイナスの方向に立ち上がっている状態なので、立ち上げた高さの半分の距離を Y 軸のプラス方向に移動して、ジオメトリの中心点が原点に来るよう

にします。

`Transformノード` Translate の Y の値に、メインパラメータの height の半分の値になるようエクスプレッションを記述します。

Translate(Y): `ch("../CONTROLLER/height")/2`

Translate のパラメータ

Step 2

2-1 ベクトル場のベースを作る

次に、繊維ネットワークの流れを操作するためのベクトル場を作っていきます。

`Boundノード` Step 1-2 で作った Transform ノードのアウトプットとつなげます。これで、円を指定の高さで立ち上げたジオメトリを囲むボックス形状を得ることができます。

次に、このボックスをベクトルのボリューム空間に変換します。

`Volumeノード` Bound ノードとつなげます。その上で、パラメータの Rank を「Vector」にすることでベクトルのボリュームに変換するように設定します。またパラメータの Name に「velocity」と設定して、Uniform Sampling Divs を 100 に設定します。

Volume ノードのパラメータ

2-2 ベクトル場を設定する

ベクトル場のベースを作ったところで、実際のベクトル場を設定していきます。今回の瞳の虹彩の繊維ネットワークを作るレシピにおいて一番重要なのが、このベクトル場を作る部分です。

Volume Wrangle ノード　1つ目のインプットとVolumeノードをつなげ、次のようにVEXコードを記述していきます。

まずは、chf関数で定義している変数をプロモートし、メインパラメータとエクスプレッションでリンクして、後からまとめてコントロールできるようにします。

《Volume Wrangle ノードのコード》
```
// 変数
// 瞳全体の高さを表すheightという名前のパラメータ値を読み込む
float height = chf("height");
// 高さに応じて変化するノイズ関数のスケール値の最小値を表すパラメータ値を読み込む
float min_scale = chf("min_scale");
// 高さに応じて変化するノイズ関数のスケール値の最大値を表すパラメータ値を読み込む
float max_scale = chf("max_scale");
……
```

height: ("../CONTROLLER/height")
min_scale: ("../CONTROLLER/turbulance_min_scale")
max_scale: ("../CONTROLLER/turbulance_max_scale")

Volume Wrangle ノードのパラメータ

以降の行程で、アルゴリズムの項で説明しているベクトル場の作り方を再現していきます。まずは、揺らぎの大きさとして使うノイズ関数用のスケール値を作ります。

```
……
// ボリュームの各ボクセルにおける高さ（Y軸方向の値）を、
// min_scaleとmax_scaleの変数の範囲でリマップした値を得る
float turb_scale = fit(@P.y, - height * 0.5, height * 0.5, min_scale, max_scale);
……
```

次に、乱気流のベクトルを作ります。

```
……
// random_seedという名前のパラメータを読み込み、その値をシードにランダムな
// 3次元ベクトル値を作る。この値はノイズ関数のシード値として利用する
vector seed = rand(chf("random_seed"))*1000;
// curlnoiseという乱気流系のノイズを生成する関数を利用して乱気流ベクトルを作る。
// その際に、先に作ったノイズ関数のスケール値で揺らぎの大きさを、smoothnessという名前の
// パラメータを読み込むことでノイズ関数のなめらかさを、そしてたった今作ったシード値を
// curnoise関数の引数に加えることでランダム具合をコントロールできるようにする
vector turb = curlnoise(@P * chf("smoothness") + seed) * turb_scale;
// 作った乱気流ベクトルのYの値を0にする（上下方向に移動しないようにする）
turb = set(turb.x, 0, turb.z);
……
```

```
smoothness: ("../CONTROLLER/turbulance_smoothness")
random_seed:  ("../CONTROLLER/random_seed")
```

```
Smoothness    ch("../CONTROLLER/turbulance_smoothness")
Random Seed   ch("../CONTROLLER/random_seed")
```

Volume Wrangle ノードのパラメータ

この乱気流ベクトルとは別に、各ボクセルの位置から中心（原点）に向かう求心的なベクトルも作ります。

```
......
// ボリュームの各ボクセルの位置から、原点に向かうXZ平面上に投影されたベクトルを大きさ1で作る
vector cent = normalize(-set(@P.x, 0, @P.z));
......
```

これら2つのベクトルを足し合わせることで、ベースとしては外周から中心に向かい、高さに応じて乱気流が組み合わされるベクトルを作り出します。

```
......
// たった今作った中心に向かうベクトルと乱気流のベクトルを組み合わせてボリュームのベクトル値を作る。
// これが最終的なベクトル場となる
v@velocity = cent + turb;
```

Step 3

3-1 繊維ネットワークのベースを作る

ベクトル場ができたので、実際に繊維ネットワークを作っていきます。まず繊維ネットワークの描写が開始される点を設定します。

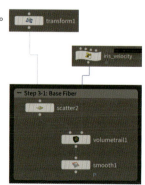

Scatter ノード　Step 1-2 で作った Transform ノードとつなげることで、円形を立ち上げたジオメトリの側面にポイントが生成されるようにします。Scatter ノードのパラメータの Force Total Count を以下のようにメインパラメータとリンクすることで、ポイントの総数（結果的に繊維ネットワークの総数となる）をコントロールできるようにします。

Force Total Count: `ch("../CONTROLLER/num_points")`

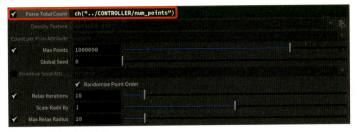

Scatter ノードのパラメータ

繊維ネットワークの開始点を作ったところで、そのポイントとベクトル場を利用して繊維ネットワークを描写します。

Volume Trail ノード　1つ目のインプットと Scatter ノードをつなげます。また 2 つ目のインプットと、Step 2-2 で作った Volume Wrangle ノードをつなげます。その上で、パラメータを次のように設定します。ネットワークの長さを決める Trail Length というパラメータは、メインパラメータである outer_radius と以下のようにリンクしておくことで、直線のネットワークであれば原点にちょうど到達できるようなセットアップをしておきます。

Trail Length: `ch("../CONTROLLER/outer_radius")`

 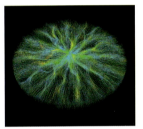

Volume Trail ノードのパラメータ

これにより、開始点からベクトル場に沿って進む繊維のネットワークを生成することができます。この状態からネットワークをよりスムースにするために Smooth ノードを加えておきます。

Smooth ノード　Volume Trail ノードとつなぎます。

3-2　瞳孔の穴を開ける

現状は繊維ネットワークが外周から中心に向かっている状態のものが描写されている状態で、繊維が瞳孔（瞳の黒い点）のなかにまで入り込んでいます。繊維ネットワークが瞳孔に入り込まないようにしたいので、Point Wrangle ノードを活用します。

Point Wrangle ノード　1つ目のインプットと Smooth ノードをつなぎ、次のように VEX コードを記述します。

まず chf 関数で定義している変数をプロモートし、メインパラメータとエクスプレッションでリンクします。inner_radius が瞳孔の半径となり、outer_radius が瞳の虹彩の半径となります。

《Point Wrangle ノードのコード》

```
// 変数
// 瞳の瞳孔の半径を表すパラメータ値を読み込む
float inner_radius = chf("inner_radius");
//瞳の虹彩の半径を表すパラメータ値を読み込む
float outer_radius = chf("outer_radius");
```

```
……
inner_radius: ch("../CONTROLLER/inner_radius")
outer_radius: ch("../CONTROLLER/outer_radius")
```

Point Wrangle ノードのパラメータ

あとはこの情報を使って、原点からこの瞳孔の半径のなかにある、あるいは虹彩の半径の外にあるポイントを削除するという命令を書いてあげることで、瞳孔の部分に指定の半径で穴を開けることができます。

```
……
// XZ平面に投影した繊維ネットワークを構成する各ポイントと、中心点（原点）との間の距離を測る
float dist = distance(set(@P.x, 0, @P.z), set(0,0,0));

// 測った距離が瞳孔の半径よりも小さいか、あるいは虹彩の半径よりも大きい場合の条件を作る
if(dist < inner_radius || dist > outer_radius){
    // 条件にあったポイントを削除。瞳孔の半径分孔を開けて、虹彩の半径で繊維ネットワークを切り取る
    removepoint(0, @ptnum);
}
```

3-3 繊維ネットワークをレンズ状に変形する

現状の繊維ネットワークは円柱状になっているため、これをより瞳の虹彩に近づけるためにレンズの形状にしたいと思います。またその過程で描写に必要なアトリビュートも付加していきます。そのために、ここでは Primitive Wrangle ノードを使います。

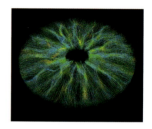

Primitive Wrangle ノード 1つ目のインプットと Step 3-2 で作った Point Wrangle をつなげて、次の VEX コードを記述していきます。

ここでも chf 関数で定義されている変数をプロモートし、メインパラメータとリンクしておきます。

《Primitive Wrangle ノードのコード》
```
// 変数
float height = chf("height");  // 瞳全体の高さを表すパラメータ値を読み込む
float inner_radius = chf("inner_radius");  // 瞳孔の半径を表すパラメータ値を読み込む
float outer_radius = chf("outer_radius");  // 虹彩の半径を表すパラメータ値を読み込む
……

inner_radius: ch("../CONTROLLER/inner_radius")
outer_radius: ch("../CONTROLLER/outer_radius")
height: ch("../CONTROLLER/height")
```

```
Inner Radius    ch("../CONTROLLER/inner_radius")
Outer Radius    ch("../CONTROLLER/outer_radius")
Height          ch("../CONTROLLER/height")
```

Primitive Wrangle ノードのパラメータ

まずは、各プリミティブ（繊維ネットワーク）に属しているポイントのリストを取得します。

```
……
// プリミティブごとのポイントのリストを取得し、
// それぞれのポイントに対して必要なアトリビュートを格納する
int pts[] = primpoints(0, @primnum);
……
```

ポイントの高さ情報に応じて、色のアトリビュートを点に格納します。

```
……
// 事前に取得した、繊維ネットワークを構成するポイントのリストをループで回す
for(int i=0; i<len(pts); i++){
    // 各ポイントの位置情報を取得する
    vector pos = point(0, "P", pts[i]);
    // ポイントの高さ情報（Y軸の値）を0～1の範囲にリマップする
    float h = fit(pos.y, -height*0.5, height*0.5, 0, 1.0);
    // 各ポイントのcolという名前のアトリビュートに、0～1にリマップした高さ情報を格納する
    setpointattrib(0, "col", pts[i], h);
……
```

繊維の各ポイントの位置での厚さを決定します。

```
……
    // ループで1ずつ繰り上がる変数iを、ループの回数から1引いた値で割り、
    // 0～1に範囲になるようにする
    float val = float(i) / (len(pts) - 1);
    // hscaleという名前の繊維の厚さの最大値を示す変数を作り、
    // 0～1にリマップされた高さ情報を1～0.2の範囲にリマップする
    // （0に近いほど1に近く、1に近いほど0.2に近い値が得られるようにする）
    float hscale = fit(h, 0, 1.0, 1.0, 0.2);
    // sinvalueという繊維の各ポイントにおける厚さを示す値の変数を、
    // たった今作ったhscaleという変数とサイン関数から作る。その際に、サイン関数の角度には
    // ループの変数iを0～1にリマップした値を利用する。こうすることで繊維の厚さを、
    // 両端は細く、繊維の真ん中に行くほど厚くなるような値を作ることができる
    float sinvalue = sin($PI * val) * hscale;
    // たった今作った値を、各ポイントのpscaleというポイントがもつデフォルトのパラメータに格納する
    setpointattrib(0, "pscale", pts[i], sinvalue);
……
```

ポイントの位置をレンズ状に配置します。

```
……
    // 繊維の各ポイントをXZ平面に投影したときのポイントと、中心（原点）との間の距離を測る
    float dist = length(set(pos.x, 0, pos.z));
    // その距離を0～1の範囲にリマップする
    float ypos = fit(dist, inner_radius, outer_radius, 0, 1.0);
    // リマップした値とサイン関数を利用し、
    // 中心からの位置に応じてポイントの高さ（Y軸の値）が山形になるような値を作る
    ypos = pos.y * sin(fit(ypos, 0, 1.0, $PI*0.5, 0));
    // その作った値を利用して、繊維ネットワークの各ポイントの高さ情報をアップデートする。
```

```
        setpointattrib(0, "P", pts[i], set(pos.x, ypos, pos.z));
}
```

この結果、レンズ状の形状に繊維ネットワークが変形します。

Step 4

4-1 繊維ネットワークに色をつける

次にポイントに格納されたアトリビュートを利用して、繊維ネットワークに色をつけます。

Color ノード　Step 3-3 で作った Primitive Wrangle とつなげます。パラメータの Color Type を「Ramp from Attribute」に設定し、Attribute を「col」に設定します。そして Attribute Ramp でグラデーショナルな配色を行い、col という名前のアトリビュートの値に応じて色が変化するように設定します。

Color ノードのパラメータ

4-2 繊維ネットワークに厚みをつける

最後に色付けされた繊維ネットワークに厚みをつけて完成させます。

PolyWire ノード　パラメータの Wire Radius は、エクスプレッションで各ポイントの pscale アトリビュートにアクセスし、かつメインパラメータの fiber_radius と掛け合わせてベースの厚みをコントロールできるようにします。パラメータの Divisions には 8 を設定して、断面を多少円形に近い形にします。

Wire Radius: `ch("../CONTROLLER/fiber_radius") * point("../" + opinput(".", 0), $PT, "pscale", 0)`

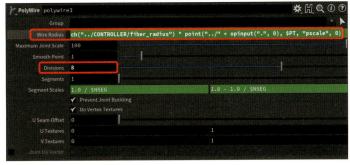

PolyWire ノードのパラメータ

pscale アトリビュートとメインパラメータに基づいた厚さの繊維ネットワークを作ることができました。

瞳の虹彩の繊維ネットワークの作り方は以上となりますが、メインのパラメータを色々変えてみることで多様な見た目の瞳のバリエーションを作ることができるようになっています。さらにカスタマイズしたい場合は、Step 2-2 で作っているベクトル場でノイズの種類を変えてみたりすると、また別の面白い繊維ネットワークの流れを見ることもできるので、ぜひ試してみてください。

06

Magnetic Field
磁場

風など、普段は視覚的に見ることができない力の流れの 1 つに、磁力によって生まれる磁場があります。磁場とは、空間における各点において磁力の大きさと向きを表すベクトル場のことで、通常は N 極から S 極へ流れる線としてよく表現されます。磁場は、よく本などでは 2 次元で表現されているため、2 次元の力場であると誤解されることもあります。しかし、実際は 3 次元に存在していて、それを可視化するととても面白い形状を見ることができます。
この章では、3 次元に存在している磁場を可視化する方法を解説します。

Magnetic Fieldのアルゴリズム

☀ 磁場と磁力線

磁場とは、磁気の力がおよぶ空間のことを言います。磁場の大きさは通常ベクトルとして表現され、その大きさと向きは磁気量 1Wb（ウェーバ）の N 極を置いたときに受ける力とその向きとして定義されます。

このベクトルは、空間に置かれた磁極の大きさに応じて変化することになります。それぞれの磁極は正か負の磁気量を持っていて、正の場合は N 極、負の場合は S 極となり、磁場は N 極から S 極に流れるような形でベクトル場として形成されます。まずはよく見る例として、N 極と S 極の 2 つの磁極が空間に置かれている状況下で磁場を見てみましょう。

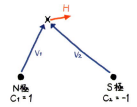

空間上の任意の点における磁場 H のベクトルの大きさは、磁極との距離に反比例します。つまり、点が磁極から近ければ近いほどその磁極の影響を受けやすいということになります。また磁場 H のベクトルの向きは、各磁極から点に向かう方向ベクトルに磁場 H の大きさを掛け、それを磁極分足し合わせることで得ることができます。N 極（磁気量 $c_2=1$ とした場合）から任意の点に向かうベクトルを v_1、S 極（磁気量 =-1 とした場合）から任意の点に向かうベクトルを v_2 としたとき、磁場 H は次のような式で表すことができます[★1]。

$$H = \frac{v_1}{|v_1|^2} c_1 + \frac{v_2}{|v_2|^2} c_2$$
$$c_1 = 1$$
$$c_2 = -1$$

空間上に無数の点をプロットして、各点においてこの式を使って磁場 H を計算すると、次のような N 極から S 極に向かうようなベクトル場を得ることができます。

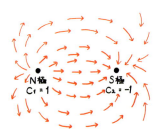

★1 https://en.wikipedia.org/wiki/Magnetic_field

このベクトル場の流れから、次のような特徴を見ることができます。

◎ 流れは正極から負極に向かっている
◎ 流れが途中で途切れたり、急に始まったりしない
◎ 流れは交わったり枝分かれしたりしない

このような特徴を持ったものに磁力線と呼ばれるものがあり、たいていは次のような図で表現されます。

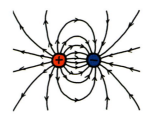

では、磁極の数が2つより多いとき、また各磁極の磁気量が異なるときの磁場 H は、どのように計算できるでしょうか。例えば、次の図のような磁極が複数ある場合を見てみます。

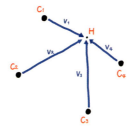

この場合も、計算式自体は磁極が2つのときとあまり変わらず、次のように数列の足し合わせとして考えることで磁場 H を求めることができます[★2]。

$$H = \frac{v_1}{|v_1|^2}c_1 + \frac{v_2}{|v_2|^2}c_2 + \frac{v_3}{|v_3|^2}c_3 + \frac{v_4}{|v_4|^2}c_4 + \cdots + \frac{v_m}{|v_m|^2}c_m$$

$$H = \sum_{n=1}^{m} \frac{v_n}{|v_n|^2}c_n$$

Houdiniを使ったレシピでは、この計算式をベースに磁場を計算し、その情報を利用してビジュアルを生成したいと思います。

★2 ★1に同じ。

Magnetic Field のレシピ

このレシピでは、プラスとマイナスにチャージされたポイントを複数空間に置くことで、磁場の流れと、空間上の磁力の分布を両方可視化したいと思います。アルゴリズムの項で説明した計算式を利用すれば、ボリュームの密度をプラスからマイナスにかけて層状に可視化することができます。

ネットワーク図

Step 1 磁場と磁力の境界のセットアップをする

Step 2 磁力と磁場を計算する

Step 3 磁力の可視化をする

Step 4 磁場の可視化をする

Step 5 磁力と磁場を合わせて表現する

メインパラメータ

名前	タイプ	範囲	デフォルト値	説明
box_size	Float	0 – 400	400	境界ボックスのサイズ
pt_num	Integer	0 – 10	6	チャージされたポイントの数
spiral_step_size	Float	0 – 100	30	スパイラルのステップサイズ
spiral_step_angle	Float	0 – 180	137.5	スパイラルのステップ角度
spiral_step_charge	Float	0 – 1	2	スパイラルのステップチャージ量
charge_dist_ratio	Float	0 – 1	0.1	距離に応じた影響チャージ量の係数
vector_field_num	Float	0 – 1000	200	ベクトル場（磁場）のポイントの数
layer_num	Integer	0 – 50	20	可視化する磁力層の数
vector_field_rad	Float	0 – 20	20	ベクトル場（磁場）の半径

Step 1

1-1 磁場と磁力の境界を作る

まず、磁場と磁力が計算・描写される空間を立方体を使って作ります。

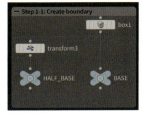

Box ノード　Uniform Scale のパラメータに、先に登録したパラメータとリンクするためにエクスプレッションを設定します。また、作った立方体は「BASE」という名前で作った Null ノードにつなげておきます。

Uniform Scale: `ch("../CONTROLLER/box_size")`

Box ノードのパラメータ

Transform ノード　このノードでは、後ほど磁場と磁力の断面を切るために、今作ったボックスの Z 軸に半分のサイズのジオメトリを作り、ボックスを切り取れる位置に移動しておきます。また断面を切り取ったときに境界の切り残しがないように、すべての軸に対して scale の値を原寸よりわずかに小さくしておきます。こちらのジオメトリは「HALF_BASE」という名前をつけた Null ノードにつなげておきます。

Translate(Z): `$SIZEZ/2*ch("sz")`

Transform ノードのパラメータ

1-2 磁場と磁力の境界を作る

立方体を作ったら、そこからボリュームを作ります。今回のように空間のすべての箇所において計算を行いたい場合は、ボリュームを使えば計算が速く、便利な関数も用意されているので何かと便利です。

Volume ノード　このノードを2つ配置し、それぞれのインプットに「BASE」という名前の Null ノードのアウトプットをつなげて、それぞれのボリュームのパラメータを設定していきます。

1つ目のボリュームは磁力用に作ります。プラスやマイナスにチャージされたポイントに影響された磁力の情報を格納するボリュームになるので、タイプ（Rank）は Scalar で、名前は「density」としておきます。

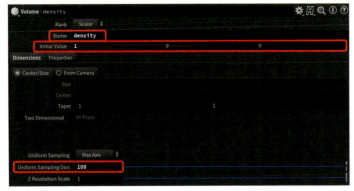

Volume ノード（density）のパラメータ

2つ目のボリュームは磁場用に作ります。磁場はプラス（N極）からマイナス（S極）へ向かう方向を示すものなので、こちらのボリュームのタイプ（Rank）は「Vector」にしておき、名前は「vel」としておきます。

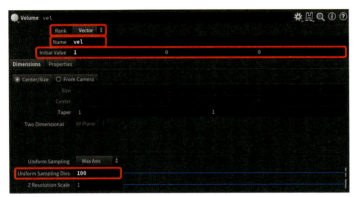

Volume ノード（vel）のパラメータ

細かく描写するためには解像度を比較的高めに設定しておく必要があります。なので、どちらの Volume ノードの Uniform Sampling Divs も 100 に設定しています。2つ目の Volume ノードは、Merge ノードでまとめておきます。

Step 2

2-1 チャージされたポイントを作る

次に、空間に磁場と磁力の層を発生させるために、プラスとマイナスにチャージされたポイントを作ります。マニュアルで好きな位置に配置するという方法も考えられますが、ここではプロシージャルに、プラスとマイナスにチャージされたポイントを交互に任意の数だけスパイラル状に配置したいと思います。ここでは Attribute Wrangle を使って、必要なアトリビュートが格納されたポイントを 1 から作ります。

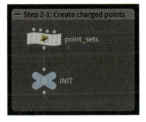

Attribute Wrangle ノード　Run Over のパラメータを「Detail (only once)」にして、VEX コードを記述していきます。

Attribute Wrangle ノードのパラメータ

まずは chf 関数で定義している変数をプロモートし、エクスプレッションでメインパラメータとリンクします。

《Volume Wrangle ノードのコード》

```
// 変数
// チャージされたポイントの数を表すパラメータ値を読み込む
int num = chi("num");
// ポイントをスパイラル状に配置する際の、1ステップ分の角度を表すパラメータ値を読み込む
float angle = chf("angle");
// ポイントをスパイラル状に配置する際の、1ステップ分の半径を表すパラメータ値を読み込む
float stepsize = chf("step_size");
// ポイントを順に追加した際の、1ステップ分のチャージ量を表すパラメータ
float stepcharge = chf("step_charge");
……
```

angle: ch("../CONTROLLER/spiral_step_angle")
step_size: ch("../CONTROLLER/spiral_step_size")
step_charge: ch("../CONTROLLER/spiral_step_charge")
num: ch("../CONTROLLER/pt_num")

Attribute Wrangle ノードのパラメータ

スパイラル状にポイントを配置していきます。

```
……
// パラメータで設定した数だけループを回す
for(int i=0; i<num; i++){
    // スパイラル曲線上に乗ったポイントの座標を計算する
    float x = i * stepsize * cos(i * radians(angle)); // X座標
    float y = i * stepsize * sin(i * radians(angle)); // Y座標

    // ループの番号が偶数の時に-1、奇数の時に+1になるような計算を行い、valという変数に代入する
    float val = ((i % 2) - 0.5) * 2;

    // 先に作ったスパイラル曲線上に乗ったポイントのXとYの座標を使ってポイントを追加する
    int pt = addpoint(0, set(x, y, 0));
……
```

配置したポイントに磁力を設定していきます。

```
……
    // たった今作ったポイントのchargeという名前のアトリビュートに、ループの番号が偶数の時は
    // マイナスの、奇数のときはプラスのチャージの値を格納する。また、ループの番号が上がるにつれて
    // pow関数でチャージ量が増えていくようにする
    setpointattrib(0, "charge", pt, val * stepcharge * pow(i+1, 0.1));
}
```

この結果作られたポイントを、「INIT」という名前をつけた Null ノードにつなげておきます。

2-2 磁力と磁場を計算する

次に、ボリューム空間に対して、一個一個のボクセルにチャージされたポイントに応じて計算された磁場と磁力を格納してきます。ここではVolume WrangleのVEXコードでそれを行います。

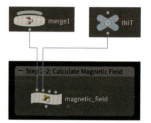

Volume Wrangleノード 1つ目のインプットに、Step 1-2で作ったMergeノードをつなげます。また、2つ目のインプットにStep 2-1で作ったチャージされたポイントをつなげます。そしてVEXコードを記述していきます。

chf関数で定義している変数をプロモートし、メインパラメータとエクスプレッションでリンクします。

《Volume Wrangleノードのコード》
```
// 変数
// 境界ボックスのサイズを表すパラメータ値を読み込む
float diameter = chf("diameter");
// 距離に応じて影響されるチャージ量の係数を表すパラメータ値を読み込む
float chargedistratio = chf("charge_dist_ratio");
……
```

diameter: ch("../CONTROLLER/box_size")
charge_dist_ratio: ch("../CONTROLLER/charge_dist_ratio")

Volume Wrangleのパラメータ

まず、すべてのチャージされたポイントに影響された磁場と磁力を格納するための変数を作ります。

```
……
// 最終的な磁場を表すmassvelという名前のベクトルの変数を作る
vector massvel = set(0,0,0);
// 最終的な磁力を表すchargemassという名前の浮動小数点数の変数を作る
float chargemass = 0;
……
```

そして、アルゴリズムの項で説明した計算式を使って磁力と磁場を作っていきます。

```
……
// チャージされたポイントの数だけループを回す
for(int i=0; i<npoints(1); i++){
    // チャージされたポイントの位置を取得する
    vector pos = point(1, "P", i);
    // チャージされたポイントの磁力を取得する
    float charge = point(1, "charge", i);
```

```
            // ボリュームの各ボクセルとチャージされたポイントとの間の距離を測り、
            // それをパラメータ値として読み込んだ境界ボックスのサイズと係数で割って値を調整する
            float dist = distance(pos, @P) / (diameter*chargedistratio);
            // チャージされたポイントからボリュームのボクセルへ向かうベクトルを作り、大きさを1にする
            vector dir = normalize(@P - pos);

            // 今しがた作ったベクトルを磁力と掛け合わせ、かつ調整された距離で割ってこのループ内での
            // チャージされたポイントに対する磁場ベクトルを作り、massvel変数に足し合わせる
            massvel += dir * charge / dist; // アルゴリズムの項の磁場の公式に相当
            // 磁力を調整された距離で割って、このループ内でのチャージされた
            // ポイントに対する最終的な磁力を作り、chargemass変数に足し合わせる
            chargemass += charge / dist;
        }
......
```

最後に、ボリュームに磁場と磁力の値を格納します。

```
......
// velという名前のついたベクトルのボリュームの値にmassvel変数の値を格納する
v@vel = massvel;
// densityという名前のついたボリュームの密度の値にchargemass変数の値を格納する
f@density = chargemass;
```

2-3 磁力と磁場を分解する

次に、磁場と磁力を別々に可視化するために、現状1つにまとまっている2種類のボリュームを一旦2つに分けます。

Split ノード　Step 2-2で使ったVolume Wrangleのアウトプットとつなげ、パラメータのGroup欄に0と入力します。こうすることで、2つのボリュームを分解することができます。

Split ノードのパラメータ

左と右のアウトプットから出てくるボリュームの種類は、Step 1-2でMergeノードにつなげたボリュームの順番によって変わってきますが、density、velの順番でつないでいれば、Splitノードの左のアウトプットからは磁力（density）のボリュームが、右のアウトプットからは磁場（vel）のボリュームが得られます。
磁力のボリュームは「DENSITY」という名前をつけたNullノードに、磁場のボリュームは「VELOCITY」という名前をつけたNullノードにつなげておきます。

Step 3

3-1 磁力層作成のためのループのセットアップをする

磁場と磁力の計算をしてきましたが、ボリュームの状態では結果が目に見えづらいので、まず磁力の可視化をしていきます。磁力に関しては、ボリューム空間の各ボクセルに格納された磁力の値を地層状に表現して、プラスからマイナスにかけてどのような層が作られているのかを確認できる形を作ってみたいと思います。そのために、For-Eachノードを使って、作りたい層の数だけループを回していくという手順を取ってみたいと思います。

For-Each Number ノード　ループのセットアップとして、配置された3つのノードから、Block End ノードの Iterations パラメータを次のように設定して、ループの回数（＝層の数）をコントロールできるようにしておきます。

Iterations: `ch("../CONTROLLER/layer_num") + ch("../CONTROLLER/layer_num") % 2 +1`

For-Each Number の Block End ノードのパラメータ

また、「foreach_begin」と書かれた Block Begin ノードのインプットと、Step 2-3 で作った「DENSITY」という名前の Null ノードのアウトプットをつなげます。

3-2 磁力層ごとの閾値を計算する

ループのなかでまずやることは、描写したい層の順番ごとに磁力の値を決定することです。1回のループのなかで行われる計算は1つの層に対する計算なので、層に対応する磁力は1種類計算できればよいことになります。

Attribute Wrangle ノード　1つ目のインプットは、For-Each Number のノードセットの左上に位置している「foreach_begin」と書かれた Block Begin ノードとつなげます。また2つ目のインプットは、右上に配置されている For-Each Number ノードのセットの「foreach_count」と書かれた Block Begin ノードとつなげます。そして VEX コードを次のように記述します。

《Attribute Wrangle ノードのコード》

```
// 磁力の層の数を表すパラメータ値を読み込む
int layernum = chi("layer_num");
```

```
// 現段階のループの番号（For-Eachノードのループの何回目にいるのか）を取得する
int ite = detail(1, "iteration");

// 磁力層ごとのビジュアライズ用の値をディテールに格納する
float isovalue = 0;  // isovalueという名前の浮動小数点数の変数を、初期値0で作る
// 現段階のループの番号がパラメータとして読み込んだ磁力層の数よりも小さかったとき、
if(ite < layernum){
    // ループの番号に応じて値が-1〜1の間になるように計算を行い、
    // その結果をisovalue変数に代入する
    isovalue = -1.0 + float(ite) / float(layernum-1) * 2.0;
}

// ディテールのisovalueという名前のアトリビュートに、isovalue変数の値を格納する
f@isovalue = isovalue;
```

なお、Run Over を「Detail（only once）」にすることで、層に対応する磁力をディテールのアトリビュートに格納します。また、layer num パラメータのエクスプレッションは以下のように設定しています。

layer num: `ch("../CONTROLLER/layer_num")`

Attribute Wrangle ノードのパラメータ

ここでは、まず全ループ回数の情報を利用して、現在のループの順番を -1〜1 の間の数値に変換しています。そしてそれを、その層において可視化する磁力の値としてディテールの isovalue というアトリビュートに格納しています。このとき -1〜1 という範囲を変更すると、層の分布具合をコントロールすることができます。

3-3 磁力層をポリゴン化する

可視化したい層の磁力が計算できたところで、その値を利用して実際にボリュームをポリゴンに変換します。

Convert VDB ノード（convertvdb） Step 3-2 の Attribute Wrangle ノードとつなげます。そして次のようにパラメータを設定し、けむり状のボリュームから SDF に変換します。なお、Fog Isovalue パラメータのエクスプレッションは以下のように設定しています。

Fog Isovalue: `detail("../" + opinput(".", 0), "isovalue", 0)`

Convert VDB ノード（convertvdb）のパラメータ

ここで特に重要なのは、Fog Isovalue というパラメータに、1つ前のステップでディテールのアトリビュートに格納した値を利用している点です。このパラメータは、SDF のボリュームにおいて外と内を分ける境目の

数値となるものです。ここに可視化したい磁力の値をいれることで、その境目のジオメトリの情報を取得することができます。

SDFのままだと扱いづらいので、さらにもう1つConvert VDBノードを配置して、1つ目のConvert VDBノードとつなぎます。

`Convert VDBノード（convertvdb2）`　こちらはSDFからポリゴンに変換されるように、次のようにパラメータを設定します。これにより、層がポリゴンとして可視化されます。

Convert VDBノード（convertvdb2）のパラメータ

Convert VDBを使ってボリュームからポリゴンに変換すると磁力の情報は失われるため、作られたポリゴンの各ポイントのアトリビュートにその層の磁力を格納します。これは後ほど磁力の値に応じて磁力層を色付けする際に利用します。

`Point Wrangleノード`　1つ目のインプットにConvert VDBのアウトプットをつなげ、2つ目のインプットにはstep 3-2で作ったAttribute Wrangleのアウトプットをつなげます。そして次のようにVEXコードを入力して、ポイントのアトリビュートに層の磁力を格納します。

《Point Wrangleノードのコード》
```
// 各ポイントのisovalueアトリビュートに、磁力層のビジュアライズのための値を格納する
f@isovalue = detail(1, "isovalue");
```

以上で、ループのなかの計算は終わりです。ループを抜けると各層のポリゴンが組み合わさって表示されています。ただ、このままだと一番外型の層しか見えず、なかがどのような形状になっているのか確認することができません。そこで、次は断面を切って中身を確認します。

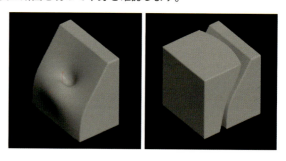

3-4　磁力層全体の断面を切り取る

断面を切るためのカッターを用意します。実は最初のほうで作っておいたジオメトリがあるので、それを利用することにします。

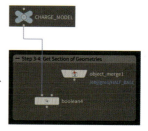

`Object Mergeノード`　Object 1というパラメータに次のように入力して、「HALF_BASE」という名前のジオメトリを読み込みます。このジオメトリは、磁場と磁力のボリューム空間の半分の大きさのボックス形状です。これを使って断面を切り取ります。

Object 1: `/obj/geo1/HALF_BASE`

Object Merge ノードのパラメータ

Boolean ノード　1つ目のインプットにループ計算の結果のポリゴンをつなぎ、2つ目のインプットには先ほど読み込んだボックス形状をつなぎます。そしてパラメータを次のように設定し、ボックスと磁力層のポリゴンの交差するジオメトリを取り出します。こうすることで、磁力層の断面を切り取ることができます。

Boolean ノードのパラメータ

Step 4

4-1　可視化する磁場の始点を作る

次に磁場の可視化を行います。磁場は流れを示すベクトル場なので、トレイル（軌跡）のような形で表現するのがよいでしょう。アルゴリズムの項でも説明したとおり、磁場はプラスからマイナスへ流れるものなので、プラスにチャージされたポイントの位置からベクトル場のトレイルが描写されるようにしたいと思います。そのため、まずはプラスにチャージされたポイントに配置するための球体を作るところから始めます。

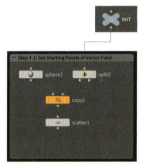

Sphere ノード　次のようにパラメータを設定します。
Uniform Scale: ch("../CONTROLLER/vector_field_rad")

Sphere ノードのパラメータ

次に、Split ノードを使ってチャージされたポイントをプラスとマイナスのポイントに分離します。

Split ノード　Group のパラメータに「@charge>0」と記述して、チャージのプラスマイナスでポイントを分離します。1つ目のアウトプットがプラスにチャージされたポイント、2つ目のアウトプットがマイナスにチャージされたポイントになります。

06　Magnetic Field　　125

Split ノードのパラメータ

次に、作った球体のジオメトリを、プラスにチャージされたポイントに配置します。

`Copy ノード` 1つ目のインプットに Sphere ノードをつなげ、2つ目のインプットに Split ノードの1つ目のアウトプットをつなげます。

球体をプラスにチャージされたポイントに配置できたら、Scatter ノードを使って球体上に可視化したい磁場の本数分だけポイントを配置します。

`Scatter ノード` Copy ノードとつなげて、次のようにパラメータを設定します。
Force Total Count: ch("../CONTROLLER/vector_field_num")

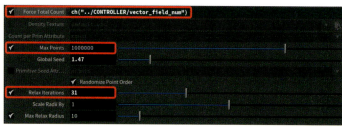
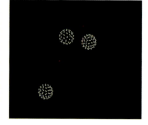

Scatter ノードのパラメータ

4-2 磁場を可視化する

磁場可視化の開始点ができたところで、実際にそこからベクトル場に沿ってトレイルを作ります。

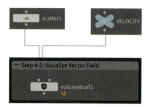

`Volume Trail ノード` 1つ目のインプットと Step 4-1 で作った Scatter ノードをつなげ、2つ目のインプットと Step 2-3 で作った「VELOCITY」という名前の Null ノードをつなげます。Trail Length というパラメータで、トレイルがマイナスにチャージされたポイントにとどくまで長さを設定しておきます。

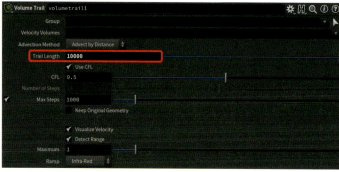

Volume Trail ノードのパラメータ

4-3 磁場の終点をトリムする

磁場のトレイルがマイナスにチャージされたポイントまで届くのはいいのですが、マイナスにチャージされたポイント付近をよく見ると、トレイルがポイントを通り過ぎた後にまた戻ってきたりと、あまり綺麗な状態ではありません。そこで、Step 4-1 で作った球体と同じ大きさでトレイルをトリミングしたいと思います。

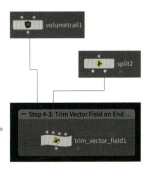

Point Wrangle ノード　1つ目のインプットを Volume Trail ノードとつなげます。そして2つ目のインプットには、Step 4-1 の Split ノードの2つ目のアウトプット（マイナスにチャージされたポイント）をつなげます。そして次のように VEX コードを記述します。

まずは、変数にパラメータを読み込みます。

《Point Wrangle ノードのコード》

```
// vector_field_radという名前の、ベクトル場の描写が開始される半径をパラメータ値として読み込む
float vectorfield_rad = chf("vector_field_rad");
……
```

vector_field_rad: `ch("../CONTROLLER/vector_field_rad")`

Point Wrangle ノードのパラメータ

トレイルを構成するポイントが、マイナスにチャージされたポイントから指定の半径内にあるかを探り、入っていればポイントを削除します。

```
……
// Wrangleノードの2つ目のインプットに入力されたマイナスにチャージされたポイントから、
// 磁場を構成するポイントと一番近い距離にあるポイントの番号を取得する
int npt = nearpoint(1, @P);
// 磁場を構成するポイントと一番近い距離にあるマイナスにチャージされたポイントの位置を取得する
vector npos = point(1, "P", npt);

// 磁場を構成するポイントと、その近くにあるマイナスにチャージされたポイントとの間の距離を測る
float dist = distance(@P, npos);

// もし測った距離がパラメータで読み込んだ値よりも小さかった場合
if (dist < vectorfield_rad){
    // 磁場を構成するポイントを削除する。結果的にマイナスにチャージされたポイントから、
    // vectorfield_radの半径の間にある磁場のポイントが削除されて球体にトリムされたことになる
    removepoint(0, @ptnum);
}
```

4-4 磁場の断面を切り取る

次に、磁場に関しても磁力と同じように断面を切り取りたいと思います。

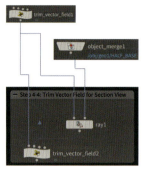

Ray ノード　1つ目のインプットに Step 4-3 の Point Wrangle ノードをつなげます。また2つ目のインプットには、Step 3-4 の Object Merge ノードをつなげます。パラメータは次のように設定して、トレイルのカーブが磁場の境界の半分サイズのボックスに最短距離で投影されるように設定します。その際に、投影された先で、法線方向がポイントのアトリビュートに格納されるように設定しておきます。

Ray ノードのパラメータ

その上で Point Wrangle ノードを配置し、トレイルをボックスで切り取ります。

Point Wrangle ノード　1つ目のインプットと、Step 4-3 の Point Wrangle ノードとをつなげ、2つ目のインプットと Ray ノードをつなげます。そして次のような VEX コードを記述して、断面切り取りボックスのなかに入っているトレイルのポイントは残して、その外にあるポイントは削除します。

《Point Wrangle ノードのコード》

```
// Wrangleノードの2つ目のインプットから、
// 切り取りに使うボックスに投影されたポイントと法線方向を取得する
vector ipos = point(1, "P", @ptnum); // ポイントの位置
vector inorm = point(1, "N", @ptnum); // ポイントの法線方向

// ボックスに投影されたポイントから、投影される前のポイントに向かうベクトルを大きさ1で作る
vector dir = normalize(@P - ipos);

// 作ったベクトルとボックスに投影されたポイントの法線ベクトルで内積を計算する
float dot = dot(inorm, dir);

// 内積が0より大きい（つまり、ポイントがボックスの外にある）場合
if(dot > 0){
    // ポイントを削除する
    removepoint(0, @ptnum);
}
```

ここでは、ポイントがボックスに入っているのか外にあるのかを判定するために、ベクトルの内積を利用しています。ボックスに最短距離で投影されたトレイルのポイントから、トレイルのオリジナルのポイントの位置に向かうベクトルをまず作り、さらにボックスに投影されたポイントの法線方向のベクトルを取得します。この2つのベクトルの内積を計算して、結果が正の値であればボックスの外にあるということになるので、そのポイントを削除しています。その結果、トレイルの断面を取り出すことができます。

Step 5

5-1 磁力層をなめらかにする

最後に、2つの磁力と磁場を組み合わせて同時に表現します。まずは磁力層のジオメトリを綺麗にします。

`Smooth ノード` Step 3-4 で作った Boolean ノードとつなげます。

`Subdivide ノード` たった今配置した Smooth ノードとつなげれば、ジオメトリがなめらかになります。

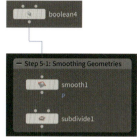

5-2 磁力層に色をつける

次に磁力層に色をつけます。

`Color ノード` パラメータを次のように設定して、ポイントに格納されている isovalue というアトリビュートに応じて色が変化するように設定します。Color Ramp には好きな配色を設定してください。

Color ノードのパラメータ

5-3 磁場に厚さを与える

次に磁場のカーブに厚さをあたえます。

`PolyWire ノード` Step 4-4 の Point Wrangle ノードとつなげて、パラメータでワイヤーの厚さを決定します。

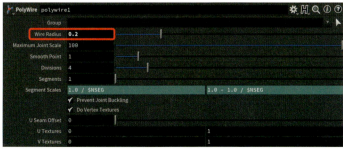
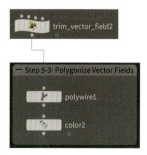

Polywire ノードのパラメータ

`Color ノード` PolyWire ノードとつなげて、厚みをつけたワイヤーに色をつけます。

5-4 磁力と磁場を組み合わせて表示する

最後に、磁場と磁力のジオメトリを組み合わせて同時に表示できるようにします。

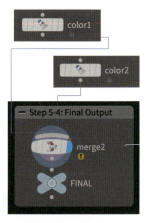

`Merge ノード` Step 5-2 の Color ノードと Step 5-3 の Color ノードを Merge ノードにつなげます。Merge ノードの後に「FINAL」という名前で Null ノードを作ってつなげれば完成です。

磁場や磁力というと、通常プラスとマイナスにチャージされたポイントが1つずつの状態のものが可視化されていることが多いですが、このレシピのような手順を踏めば、空間の好きな位置に好きな数だけチャージされたポイントを配置し、見たことないような磁場の流れや磁力の層を可視化することができます。特に最初のスパイラル状にポイントを配置する部分を自分で改変してみて、色々なポイントの配置方法、チャージの散布具合を試してみてください。

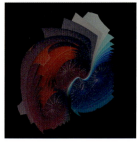

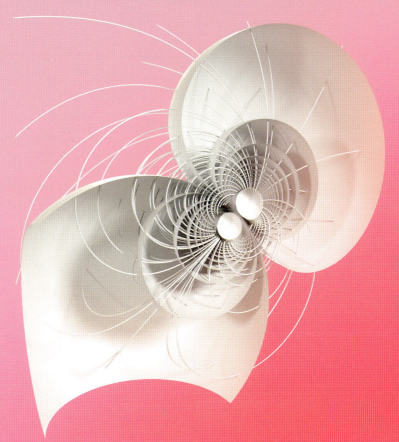

メインパラメータ
box_size: 600
pt_num: 2
spiral_step_size: 30
spiral_step_angle: 137.5
spiral_step_charge: 2
charge_dist_ratio: 0.05
vector_field_num: 1000
layer_num: 30
vector_field_rad: 30

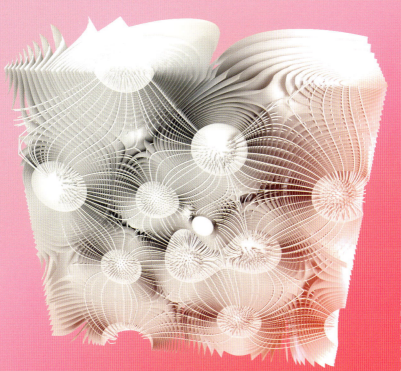

メインパラメータ
box_size: 600
pt_num: 20
spiral_step_size: 30
spiral_step_angle: 137.5
spiral_step_charge: 2
charge_dist_ratio: 0.05
vector_field_num: 5000
layer_num: 30
vector_field_rad: 30

07
Space Colonization
スペース・コロナイゼーション

木の作られ方に注目してみると、ランダムに見えるようで、枝の伸ばし方や枝分かれの仕方にある一定のルールがあることが見えてきます。この木を形づくるルールは数々の研究所によって様々なものが提唱されてきていますが、そのなかでも有名なものに、1971 年に生物学者の本田久夫氏によって提唱された再帰的な構造を利用した枝分かれのシステムがあります。そのような流れを受けて、よりリアルな木の構造を 3 次元的に作ることを目指して開発されたのが Space Colonization というアルゴリズムです。このアルゴリズムを使うと、ジェネラティブに幹から葉にかけて自然な流れで形をシミュレーションすることができ、またパラメータを調整することで多様な形状を得ることができます。

この章では、このアルゴリズムの解説と、Houdini でそれをどのように実装するかについて説明します。

Space Colonizationのアルゴリズム

☀ 樹木のような形状を作り出すアルゴリズム

Space Colonization のアルゴリズムの詳細自体は、2007年に発表されたアダム・ルニオン（Adam Runions）、ブレンダン・レイン（Brendan Lane）、プシェミスワフ・プルシンケヴィクス（Przemyslaw Prusinkiewicz）らによる「Modeling Trees with a Space Colonization Algorithm」という論文にまとめられています。このアルゴリズムは、いわゆる再帰的な計算をベースにした、1つ手前の計算結果を利用して次の計算を行うものです。徐々に木が成長するようなシミュレーションを作ることができるところが、このアルゴリズムの面白い点でもあります。

この論文に書かれている Space Colonization のアルゴリズムを簡単にまとめると、次のような手順となります[★1]。

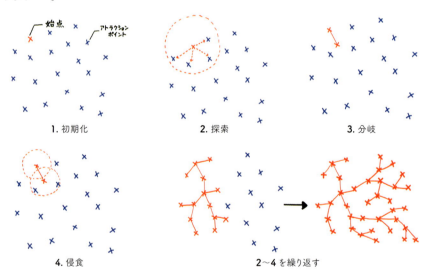

1. 初期化：まず枝を伸ばしたい任意の空間を用意し、そこに枝が伸びていく候補となる点群（アトラクションポイント）を充填させます。このとき、点群の密度が濃い空間は細かい枝の分岐になるのに対して、点群の密度が低い空間では分岐が少ない長い枝が生成される可能性が高くなります。このフェーズでは、さらにその点群のなかから木で言うところの幹となる点を指定します。この点から枝が生成され始めることになります。

2. 探索：次の枝をどこに向けて作るべきかを探すために、幹となる点を中心として、任意の探索半径の球のなかに入っているアトラクションポイントを探し出します。

3. 分岐：フェーズ2で各枝上の点から探し出したアトラクションポイントの平均の位置をそれぞれ割り出します。枝上のそれぞれの点から、その探し出したアトラクションポイントの平均位置に向か

★1 Adam Runions, Brendan Lane, and Przemyslaw Prusinkiewicz. 2007. "Modeling Trees with a Space Colonization Algorithm" Eurographics Workshop on Natural Phenomena (2007)

って枝を伸ばします。ここで注意すべき点は、1回の計算でそれぞれの枝上の点から新しく伸びる枝は1本ずつということです。

4. 侵食： 枝を伸ばした段階で、枝に属するすべての点から任意の半径内にある点群を探し出し、餌を食べるようにその探索に引っかかった点群を削除します。このフェーズで周辺の点群を削除することで、枝の分岐具合をコントロールすることができます。削除のための探索半径が小さいと、周辺の点群は削除されずに残り、次の計算時にそれらの点へ枝が伸びる可能性が高まります。反対に、探索半径を大きくして周辺の点群の数を減らすと、枝の分岐の可能性が減ることになります。

それ以降は、2～4のフェーズを繰り返し行うことで枝を成長させていきます。このとき、フェーズ2では、すでに存在している枝を構成しているすべての点から次の枝の候補となる点群を探索することになります。つまり、すでに枝を伸ばした点からさらに枝が伸びる可能性もあるということです。このルールによって、枝分かれがより自然な形になります。そして、枝を構成する点からの探索半径内に候補の点が見つからなくなったときに、枝の成長を止めます。このことからも、最初の点群を配置する段階の設定が、最終的な木の形に大きな影響を与えることがわかります。

このようなアルゴリズムの流れから、形状に影響を与えるいくつかの重要なパラメータが必要なことに気がつきます。それらは次のものです。

◎ フェーズ1におけるアトラクションポイントを配置する空間の形状
◎ フェーズ1におけるアトラクションポイントの密度（数）
◎ フェーズ2におけるアトラクションポイントの探索半径
◎ フェーズ4におけるアトラクションポイントの削除半径

これらのパラメータを変化させて組み合わせることで、多様な枝構造を作ることができます。

アトラクションポイントの密度に応じた枝構造の形状の違い [★2]

この論文では、リアルな木を作るためのアルゴリズムとして紹介されていますが、このアルゴリズムが面白いのは、枝状の構造を持つものであればその形状を再現することが可能になるという点です。例えば、珊瑚や粘菌などが考えられるでしょう。

本章のレシピでは、Houdiniを使ってこのSpace Colonizationのアルゴリズムを実装し、樹木のような形状を成長させて作る方法を説明したいと思います。

★2 ★1に同じ。

Space Colonization のレシピ

このレシピでは、Space Colonization のアルゴリズムを利用して、樹木のような形状が徐々に成長するような様を再現したいと思います。アトラクションポイントの領域や密度、枝の成長速度などのパラメータをコントロールすることで、同じ樹木でも実に多様な種類の形状を生み出すことができます。ここではテーマを樹木にすることで、成長の開始点をあえて1個に限定していますが、複数点指定して粘菌のようなシミュレーションを行うことも可能です。計算コストも高くなく、非常に汎用性の高いアルゴリズムといえます。

ネットワーク図

Step 1 木の領域を作る

Step 2 木を成長させる

Step 3 木を表現する

メインパラメータ

名前	タイプ	範囲	デフォルト値	説明
tree_radius	Float	0 – 10	2.9	木の半径
tree_scale	Float	0 – 2	1.089	木の平面方向のスケール
tree_density_smoothness	Float	0 – 1	0.669	アトラクションポイント用のノイズのスケール値
tree_density_scatter	Integer	0 – 100	70	アトラクションポイントの密度
tree_spread	Float	0 – 10	1	木の外形のランダムな広がり具合
stem_height	Float	0 – 10	2	幹の高さ
search_dist	Float	0 – 1	0.9	アトラクションポイントの検索範囲
move_dist_min	Float	0 – 1	0.099	枝の最小成長距離
move_dist_max	Float	0 – 1	0.395	枝の最大成長距離
remove_dist_min	Float	0 – 1	0.261	アトラクションポイントの最小削除範囲
remove_dist_max	Float	0 – 1	0.3	アトラクションポイントの最大削除範囲
branch_scale_max	Float	0 – 10	4.5	枝の位置に応じた厚さのスケールの最大値
branch_size	Float	0 – 1	0.2	枝の厚さ

Step 1

1-1 木の枝が入る領域を球体で作る

Space Colonization を使った樹木を作るにあたって、まず必要なのが枝の成長経路を決定するアトラクションポイントです。そこでまずは木の枝が成長する領域を作って、そのなかにポイントを作るという手順を踏んでいきます。最初に Sphere ノードを用いて木の領域のベースを作ります。

Sphere ノード　パラメータを次のように設定して、CONTROLLER のパラメータで大きさをコントロールできるようにします。なお、Frequency は 7 に設定しておきます。

Center(Y): ch("../CONTROLLER/tree_radius")
Uniform Scale: ch("../CONTROLLER/tree_radius")

Sphere ノードのパラメータ

1-2 球体の形状を変形する

ただの球体では実際の木の外形とはあまり近くならないので、球体のポイントの位置を編集することでお餅のような形状に変形します。

Point Wrangle ノード　1つ目のインプットと Sphere ノードをつなげ、次のように VEX コードを記述していきます。

まずは、chf 関数で定義している変数をプロモートし、メインパラメータとエクスプレッションでリンクします。パラメータによって平面方向へのスケールをコントロールできるようにすることで、幅の広い木や細い木などが作れるようになります。

《Point Wrangle ノードのコード》
```
// 木のXZ平面のスケール値を表すパラメータ値を読み込む
float scale = chf("scale");
……
```

scale: ch("../CONTROLLER/tree_scale")

Point Wrangle ノードのパラメータ

ポイントの現状の高さとサイン関数を使って、球体を構成するポイントの高さ方向の位置を変更します。サイン関数を使うことで、ランプといったパラメータを使うことなく曲線系の変形ができ、その結果お餅のような形状を球体から作り出すことができます。

……

```
// ポイントの高さ情報（Y軸方向の値）を0～1にリマップする
float val = fit(@P.y, 0, 10.0, 0, 1.0);
// 0～1にリマップされた高さ情報を、さらに任意のラジアンで表現された角度の範囲にリマップする
float angle = fit(val, 0, 1.0, $PI * 0.1, $PI * 0.5);
// リマップされた角度とサイン関数を使って値を作る
// （$PI * 0.1から$PI * 0.5の範囲だと卵状に変形される）
float yscale = sin(angle);

// ジオメトリのポイントの位置にたった今作った変数をかけて変形する
@P.y *= yscale; // Y軸
@P.x *= scale;  // X軸
@P.z *= scale;  // Z軸
```

1-3 球体からボリュームを作る

次に、変形した球体を木の幹の高さ分だけ上方向（Y軸の方向）に移動します。

Transform ノード　Step 1-2 の Point Wrangle ノードとつなげ、パラメータを次のように設定します。

Translate(Y): `ch("../CONTROLLER/stem_height")`

Transform ノードのパラメータ

その上で、変形された球体のなかにアトラクションポイントをつめるために、このジオメトリからボリュームを作り出します。

IsoOffset ノード　Transform ノードとつなげます。パラメータで名前を「density」に設定し、解像度（Uniform Sampling Divs）を 100 に設定しておきます。

IsoOffset ノードのパラメータ

1-4 ボリュームの密度を編集する

IsoOffset でジオメトリをボリューム化しただけでは、ジオメトリのなかのボリュームの密度は一定のままです。そうなると、ポイントを配置するときに比較的均一な距離感で配置され、自然な感じが出にくい可能性があるので、少し密度をまばらにしたいと思います。

Volume Wrangle ノード 1つ目のインプットを、Step1-3 の IsoOffset ノードとつなげ、以下の VEX コードを記述します。

《Volume Wrangle ノードのコード》

```
// アトラクションポイント用のノイズのスケール値を表すパラメータ値を読み込む
float smoothness = chf("smoothness");
// ノイズ関数から得た値をクランプする（切り取る）ための最小値
float min = chf("min");
// ノイズ関数から得た値をクランプする（切り取る）ための最大値
float max = chf("max");

// ノイズ関数を使ってノイズ値を作り、指定のパラメータ値でクランプする
float val = clamp(noise(@P * smoothness), min, max);
// クランプされた値の範囲を0〜1にする
val = fit(val, min, max, 0.0, 1.0);
// ボリュームの密度（density）が0よりも大きい場合
if(f@density > 0){
    // ボリュームの密度を0〜1にリマップされた値で置き換える
    f@density = val;
}
……
```

chf 関数で定義した smoothness は、以下のようにエクスプレッションを設定してメインパラメータとリンクさせておきます。なお、Min と Max も設定しておきましょう。

smoothness: ch("../CONTROLLER/tree_density_smoothness")

Volume Wrangle ノードのパラメータ

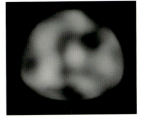

ここでは、ノイズ関数を使って変形した球体によって作られたボリュームの密度をまばらにしています。また、パラメータの smoothness や min、max を使ってまばら具合をコントロールできるようにしています。

1-5 アトラクションポイントを配置する

ボリュームの編集ができたら、その密度を利用してアトラクションポイントを配置したいと思います。

Scatter ノード Step1-4 の Volume Wrangle ノードとつなげます。Density Scale やその他のパラメータを次のように設定し、ボリュームの密度具合でポイントの数が変化するように設定します。木の大きさをパラメータで変えられる前提なので、ポイントの総数を決めるよりもこちらの方がよいと考え

ました。

Density Scale: `ch("../CONTROLLER/tree_density_scatter")`

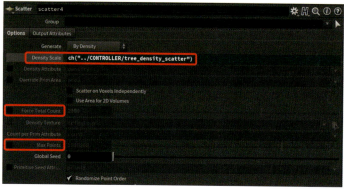

Scatter ノードのパラメータ

アトラションポイントが配置できたのはいいのですが、まだまだお餅形状の輪郭が色濃く出ているため、外形をもうすこしばらしたいと思います。

`Point Wrangle ノード` 1つ目のインプットを Scatter ノードとつなげ、次のように VEX コードを設定します。

《Point Wrangle ノードのコード》

```
// 木の外形のランダムな広がり具合を表すパラメータ値を読み込む
float spread = chf("spread");
// 球状に放射するランダムなベクトルを作る
vector val = sample_sphere_uniform(rand(@P));

// ポイントをランダムな方向に指定の距離で移動する
@P += val * spread;
```

chf 関数で定義した spread は、以下のようにエクスプレッションを設定してメインパラメータとリンクさせておきます。

spread: `ch("../CONTROLLER/tree_spread")`

Point Wrangle ノードのパラメータ

1-6 木の幹をラインで作る

次に木の幹のベースを作ります。

`Line ノード` 高さを Length というパラメータで設定します。CONTROLLER のパラメータとエクスプレッションでリンクすることでコントロールできるようにしておきます。

Length: `ch("../CONTROLLER/stem_height")`

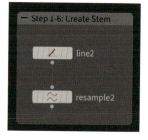

Line ノードのパラメータ

その上で、ラインを細分化してポイントを複数作ります。

`Resample ノード` Line ノードとつなげます。パラメータはデフォルトのまま使います。

ここで作られたポイントが幹のためのアトラクションポイントとなります。

1-7 枝の領域と幹を組み合わせる

次に、木の枝の領域から作られたアトラクションポイントと、幹のラインから作ったアトラクションポイントを組み合わせます。

`Merge ノード` Step 1-5 の Point Wrangle ノードと、ステップ 1-6 の Resample ノードをつなげます。

Merge ノードを用いてアトラクションポイントをまとめたら、次にポイントを Y 軸に沿って並び替えをします。そうすることで、どの点から成長を開始すべきかの指定が容易になります。

`Sort ノード` Merge ノードとつなげます。パラメータは次のように設定して、ポイントが Y 軸にそって並び替えられるようにします。

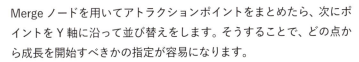

Sort ノードのパラメータ

その上で、アトラクションポイントに開始点などの必要な設定を行なっていきます。

`Point Wrangle ノード` 1つ目のインプットと Sort ノードをつなげて、次のように VEX コードを記述していきます。

まずは chf 関数で定義している変数をメインパラメータとエクスプレッションでリンクします。

《Point Wrangle ノードのコード》
```
// 変数
// 木の幹の高さを表すパラメータ値を読み込む
float stemheight = chf("stem_height");
// 木の半径を表すパラメータ値を読み込む
float treeradius = chf("tree_radius");
// 枝の最小成長距離を表すパラメータ値を読み込む
float movedistmin = chf("move_dist_min");
// 枝の最大成長距離を表すパラメータ値を読み込む
float movedistmax = chf("move_dist_max");
```

```
    // アトラクションポイントの最小削除範囲を表すパラメータ値を読み込む
    float removedistmin = chf("remove_dist_min");
    // アトラクションポイントの最大削除範囲を表すパラメータ値を読み込む
    float removedistmax = chf("remove_dist_max");
    // 枝の位置に応じた厚さのスケールの最大値を表すパタメータ値を読み込む
    float pscalemax = chf("pscale_max");
    ......
```

stem_height: ("../CONTROLLER/stem_height")
tree_radius: ("../CONTROLLER/tree_radius")
move_dist_min: ("../CONTROLLER/move_dist_min")
move_dist_max: ("../CONTROLLER/move_dist_max")
remove_dist_min: ("../CONTROLLER/remove_dist_min")
remove_dist_max: ("../CONTROLLER/remove_dist_max")
pscale_max: ("../CONTROLLER/branch_scale_max")

Point Wrangle ノードのパラメータ

アルゴリズムの項で説明した「初期化」の段階を準備していきます。そのために、一番低い位置（Y軸方向）にあるポイントにノード（nodes）という名前でグループを設定し、それらを成長が開始するポイントとします。また、それ以外のポイントにはアトラクター（attractors）というグループを設定し、それらを枝が成長するにあたっての参照ポイントとします。まずは、一番最初の点のグループをノードに、他をアトラクターにします。

```
    ......
    // ポイントが一番最初のポイントである場合
    if(@ptnum == 0){
        //そのポイントにnodesというグループを付加する
        setpointgroup(0, "nodes", @ptnum, 1);
    }else{ // 条件を満たさなかった（最初のポイントでなかった）場合
        // そのポイントにattractorsというグループを付加する
        setpointgroup(0, "attractors", @ptnum, 1);
    ......
```

次に、幹の高さより低い位置にあるポイント、つまり幹を構成しているポイントすべてに対しパラメータで設定した枝の最大移動距離（move_dist_max）と最大削除範囲（remove_dist_max）を設定します。これにより、幹の部分は上方向に均一なスピードで素早く成長するようにします。

```
    ......
    // ポイントの高さ（位置のY軸の値）が幹の高さよりも低かった場合
    if(@P.y < stemheight){
        // ポイントのmovedistというアトリビュートに、枝の最大成長距離の値を格納する
        f@movedist = movedistmax;
        // ポイントのremovedistというアトリビュートに、
        // アトラクションポイントの最大削除範囲の値を格納する
        f@removedist = removedistmax;
    ......
```

そして最後に、幹の高さより上のアトラクションポイントに対して、その点から伸びる枝の長さと削除範囲を幹の終点からの距離に応じて設定します。幹から近ければ近いほど成長の距離が大きくなり、遠くなればなるほど成長の距離が短くなるように設定します。

```
……
}else{  // 条件を満たさなかった場合
    // ポイントの位置と幹の終点の位置との距離を測り、distという変数に代入する
    float dist = distance(@P, set(0, stemheight, 0));
    // 測った距離を0〜1の範囲にリマップする
    dist = fit(dist, 0, treeradius * 2, 0.0, 1.0);
    // 0〜1にリマップした値を枝の成長距離の最大値と最小値をつかってリマップし、
    // 幹の終点からの距離に応じた枝の実際の成長距離を作る
    float movedist = fit(dist, 0, 1.0, movedistmax, movedistmin);
    // 作った枝の成長距離をポイントのmovedistという名前の浮動小数点数のアトリビュートに格納する
    f@movedist = movedist;
}
```

Step 2

アトラクションポイントの設定ができたので、Space Colonization アルゴリズムを使って木を成長させるために Solver ノードを使います。

Solver ノード　1つ目のインプットと Step 1-7 の Point Wrangle ノードとをつなげます。Solver ノードをダブルクリックしてネットワークのなかに入り、アルゴリズムを記述していきます。

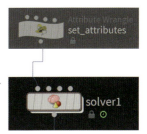

2-1 配列を初期化する

まず各ポイントがアトリビュートとして持つ、近傍のポイントの番号の配列を初期化します（中身を空っぽにします）。まず最初に初期化を行うのは、近傍のポイントの番号の配列は毎フレーム計算し直す必要があるからです。

Attribute Wrangle ノード　Prev_Frame ノードとつなげて、以下の VEX コードを記述します。

《Attribute Wrangle ノードのコード》
```
// すべてのポイントのnearptsというアトリビュートに空の配列を格納する（フレーム単位でリセットする）
i[]@nearpts = array();
```

2-2 近傍のアトラクションポイントを探す

Point Wrangle ノードを使って、ノードのポイントに近傍のアトラクションポイントの配列をアトリビュートとして格納します。

Point Wrangle ノード 1つ目のインプットと Step2-1 の Point Wrangle ノードをつなげます。パラメータで、Point Wrangle のコードを走らせるグループを attractors（アトラクションポイント）に設定します。

Point Wrangle ノードのパラメータ

VEX コードは次のように記述して、アルゴリズムの項で説明した「探索」の段階を行います。

《Point Wrangle ノードのコード》
```
// 探索範囲のパラメータを読み込む
float searchdist = chf("search_dist");

// アトラクションポイントから探索範囲内にある一番近いノードのポイントを探す
int nearpt = nearpoint(0, "nodes", @P, searchdist);

// ポイントの番号が初期値として入っている新しい整数の配列を作る
int arr[] = array(@ptnum);

// 探し当てたノードのアトリビュートに今作った配列を足し合わせる（要素を追加する）
setpointattrib(0, "nearpts", nearpt, arr, "append");
```

chf 関数で定義した search_dist は、以下のようにエクスプレッションを設定してメインパラメータとリンクさせておきます。

search_dist: ch("../../../../CONTROLLER/search_dist")

Point Wrangle ノードのパラメータ

2-3 枝を伸ばす

次に、ノードのポイントから、近傍のアトラクションポイントの位置を利用して枝を伸ばします。

Point Wrangle ノード 1つ目のインプットと Step 2-2 の Point Wrangle とをつなげます。Group のパラメータに「nodes」と記述することで、ここで書くコードを走らせる対象をノードのポイントに限定します。

Point Wrangle ノードのパラメータ

VEX コードは次のように記述して、アルゴリズムの項で説明した「分岐」の段階を行います。まずは、必要な変数を作ります。

《Point Wrangle ノードのコード》
```
// ノードのポイントに格納された、近くにあるアトラクターの番号の配列を取得する
```

```
          int nearpts[] = i[]@nearpts;

          // ノードが作られてからどれくらい経っているかを示すcountアトリビュートに1足す
          i@count += 1;

          // 近くにアトラクションポイントが1つでもある場合
          if(len(nearpts) > 0){
              vector dir = {0,0,0};  // 最終的な移動ベクトルとして使うベクトル変数を作る
              float movedist = 0;  // 最終的な移動ベクトルの移動距離として使う浮動小数点数の変数を作る
              float removedist = 0;   // 新しく作ったポイントのアトリビュートに格納する削除範囲の浮動
小数点数の変数を作る
```

次に、近くにあるアトラクションポイントごとに、それがもつ変数をたった今作った変数に足していきます。

```
      ......
              // 近くにあるアトラクションポイントの数だけループを回す
              foreach(int nearpt; nearpts){
                  // ノードのポイントからアトラクションポイントに向かう大きさ1のベクトルを、
                  // dirという名前の変数に足し算して加える
                  dir += normalize(point(0, "P", nearpt) - @P);
                  // 近くのアトラクションポイントに格納されているmovedist アトリビュートを取得し、
                  // それをmovedist変数に追加する
                  movedist += point(0, "movedist", nearpt);
                  // 近くのアトラクションポイントに格納されているremovedistアトリビュートを取得し、
                  // それをremovedist変数に追加する
                  removedist += point(0, "removedist", nearpt);
              }
              // ループで足し合わされたmovedistとremovedistの値をアトラクションポイント数で割って
              // 平均値を計算する
              movedist /= float(len(nearpts));
              removedist /= float(len(nearpts));

              // 移動ベクトルのdirの大きさを1にして、ノードのポイントに格納されている
              // movedistアトリビュートの値と掛け合わせ、移動ベクトルの大きさを設定する
              dir = normalize(dir) * f@movedist;
      ......
```

枝の先のポイントを作り、必要なアトリビュートを設定していきます。

```
      ......
              // ノードのポイントの位置に移動ベクトルdirを足して、
              // その位置に新しい枝の先となるノードのポイントを作る
              int newpt = addpoint(0, @P + dir);
              // 新しく作ったポイントをノード（枝の一部であることを示す）とするため、
              // nodesというグループを設定する
              setpointgroup(0, "nodes", newpt, 1);
              // 新しく作ったポイントにアトラクションポイントの削除範囲の値をアトリビュートとして格納する
              setpointattrib(0, "removedist", newpt, removedist);
              // 新しく作ったポイントのアトリビュートに移動距離を示すmovedistの値を格納する
              setpointattrib(0, "movedist", newpt, movedist);
              // 新しいポイントに、生成されてからどれくらいたったかを示すcountという名前のアトリビュートに
              // 0を格納する
              setpointattrib(0, "count", newpt, 0);

              // 元のノードのポイントと、新しくつくったノードのポイントを結ぶ、枝となるラインを作る
```

```
    int newprim = addprim(0, "polyline", @ptnum, newpt);
}
```

2-4 無駄なアトラクションポイントを削除する

ソルバーネットワークのなかで行う最後のステップとして、ノードのポイントに格納されている削除探索範囲の情報を使って、該当するアトラクションポイントを削除します。そうすることで、次のフレームに移ったときに無用に枝が生成し続けられる状況を避けることができます。

Point Wrangle ノード 1つ目のインプットと Step2-3 で作った Point Wrangle ノードをつなげます。その上で、コードを走らせるグループをノードのポイントに設定します。

Point Wrangle ノードのパラメータ

VEX コードは次のように記述して、ノードから削除探索範囲にあるアトラクションポイントを探し出し、そのポイントをすべて削除します。ここは、アルゴリズムの項で説明した「分岐」の段階にあたります。

《Point Wrangle ノードのコード》
```
// ノードのポイントから、削除範囲のremovedistアトリビュートの値を取得する
float remove_dist = f@removedist;

// ノードのポイントの位置から、削除範囲内にあるアトラクションポイントのリストを取得する
int nearpts[] = nearpoints(0, "attractors", @P, remove_dist);

// 近くにあるアトラクションポイントの数だけループを回す
foreach(int nearpt; nearpts){
    removepoint(0, nearpt); // リストの中にあるすべてのアトラクションポイントを削除する
}
```

以上が、ソルバーネットワークの中身のすべてです。ここは Space Colonization の根幹となる部分です。Geometry ノードに戻って再生ボタンを押してみると、フレームが進む度に木のようなラインのネットワークが成長していくのが確認できるかと思います。

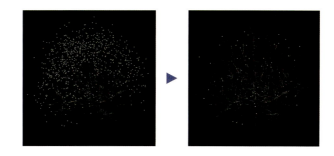

Step 3

3-1 木のベースをなめらかにする

木のシミュレーションはできましたが、ラインのままでは味気がないので、これに表現を加えていきます。まずは、アトラクションポイントはもう使わないので削除します。

Delete ノード　Solver ノードとつなげます。パラメータを次のように設定して、アトラクションポイントを削除します。

Delete ノードのパラメータ

Smooth ノード　Delete ノードにつなげて、ネットワークをなめらかにします。

3-2 ポイントにスケール情報を付加する

次に、木のカーブに厚みを与えるために、そのカーブを構成しているポイントにスケール値を設定していきます。まずノードのポイントに格納されている count のアトリビュートの最大値を取得します。

Attribute Promote ノード　Smooth ノードとつなげ、パラメータを次のように設定して、ディテールのアトリビュートに count の最大値が格納されるようにします。

Attribute Promote ノードのパラメータ

その上で、ポイントのスケール値を、count のアトリビュートの値に応じて 0〜1 の範囲で設定します。

Point Wrangle ノード　1 つ目のインプットと Attribute Promote ノードをつなげ、次のように VEX コードを記述し、ポイントのスケール値（pscale）を 0 から 1 の範囲で設定します。

《Point Wrangle ノードのコード》
```
// ポイントに格納されているどれだけ生きているかを示すcountアトリビュートの値を0〜1に範囲して、
// ポイントのpscaleアトリビュートに格納する
f@pscale = i@count / float(detail(0, "count_max"));
```

3-3 細分化する

次に枝をリサンプリングして細分化し、よりなめらかになるように設定します。

Resample ノード　Step 3-2 の Point Wrangle ノードとつなげます。パラメータを次のように設定して、カーブを細かく分割します。

Resample ノードのパラメータ

Fuse ノード　Resample ノードとつなげ、重複した位置にあるポイントを 1 つにまとめます。

3-4 カーブに厚さをつけて木の形状を作る

最後のステップとして、木にカーブに厚みを与えます。まずその前に、ポイントにスケール値に応じて色をつけます。

Color ノード Fuse ノードとつなげます。パラメータを次のように設定します。Attribute には「pscale」と記入して、ポイントの pscale（スケール値）に応じて色を変えられるようにします。Ramp の色の配合は自由に設定してください。

Color ノードのパラメータ

最後に、PolyWire ノードを配置し、ポイントのスケール値（pscale）に応じて木に厚みを与えます。

PolyWire ノード Color ノードとつなげます。PolyWire ノードは pscale ノードを自動で使ってくれません。そこで、ポイントの pscale のアトリビュートを読んでくるように、Wire Radius のパラメータに次のようにエクスプレッションを記述します。Division は 12 にしておきます。

Wire Radius: `pow(point("../" + opinput(".",0),$PT, "pscale", 0),3)*ch("../CONTROLLER/branch_size")`

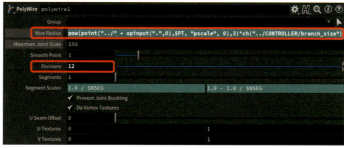 

Polywire ノードのパラメータ

CONTROLLER のパラメータを変更することで、多様な形状の木を作れるようになりました。ぜひ色々と変更を試してほしいのと、もっと発展させて見たい人はノードの数を増やしてみたり、アトラクションポイントを配置する領域を編集してみたりなどすると、また面白い形状を作ることができるはずです。

08
Curve-based Voronoi
曲線ベースのボロノイ

自然界によく見られる有名な模様の1つに、空間上に配置された複数の点の位置を利用して描かれるボロノイ図という模様があります。この模様は、亀の甲羅やトンボの羽、キリンの表皮の模様など、自然界において様々なスケールで見ることができます。この模様の生成原理は非常に単純で、その利便性、汎用性からコンピュータグラフィックスの世界では古くからよく使われているアルゴリズムの1つなのですが、このボロノイ図のアルゴリズムを空間上の点ベースではなく、空間上に配置された曲線ベースに解くと、ラティス構造のような有機的な図形を得ることできます。
この章ではそのアルゴリズムの解説と実装の仕方を説明したいと思います。

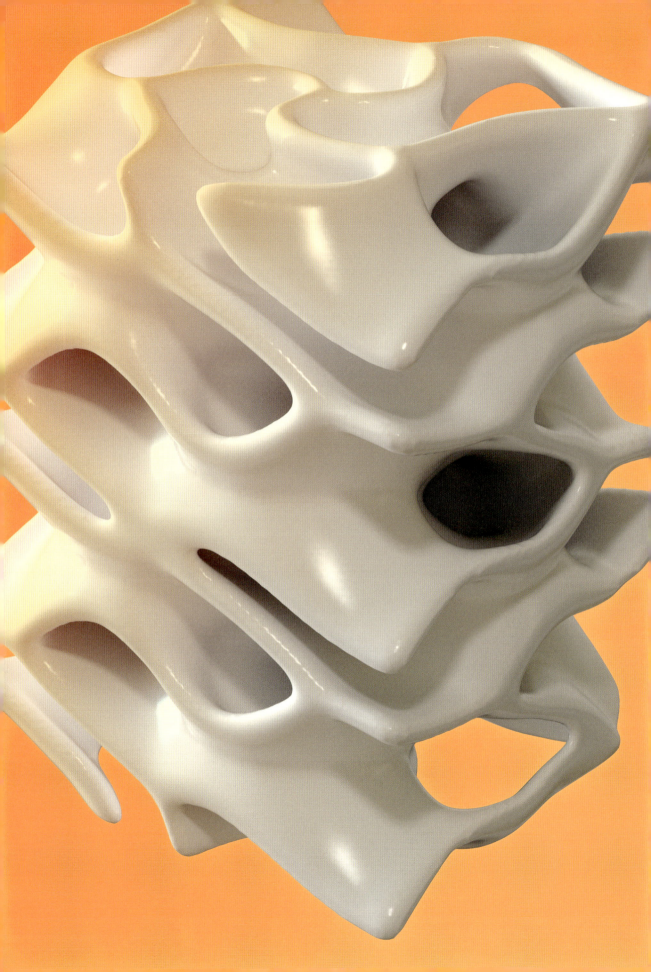

Curve-based Voronoiのアルゴリズム

✷ 一般的な点ベースのボロノイ図のアルゴリズム

ボロノイ図とは、数学上の定義では、空間上の任意の位置に配置された複数個の点（母点）同士の距離に応じて分割された領域のことを指し、2次元の空間の境界線、あるいは3次元の空間の境界面が、各々の点の2等分線の一部となります。また、そのように分割された領域はボロノイセルとも呼びます。

ボロノイ図

ボロノイ図を作るアルゴリズムにはいくつかありますが、ここで紹介したいのは Worley Noise というStevenWorleyによって紹介されたノイズ関数の一種で、主にコンピュータグラフィックスにてプロシージャルなテクスチャを作るために用いられています。これによって描くことができるボロノイ図の一個一個のセルは、母点からセルの外周に向かうグラデーショナル状の図となります。

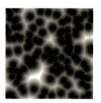

Worley Noise によるボロノイ図[★1]

その Worley Noise という関数を使ってボロノイ図を作る際の考え方は、次のようなものです[★2]。

  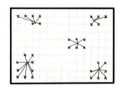 

1. （2次元あるいは3次元）空間に母点をプロットする
2. 空間をグリッドに分割する
3. グリッドの各点から、一番近い母店との距離を測り、その値を点に格納する
4. グリッドの各点に格納された値を色情報として可視化する

こうして作られたグラデーショナルなボロノイ図は、3次元のボリュームに対して適応できるという利点があります。この特性を利用したのが、点によるボロノイ図の作成を拡張した曲線によるボロノイ図です。

★1 By Rocchini - Own work, CC BY-SA 3.0 (https://commons.wikimedia.org/w/index.php?curid=18968986)
★2 Wikipedia, "Worley noise," https://en.wikipedia.org/wiki/Worley_noise

✴ 曲線ベースのボロノイ図のアルゴリズム

曲線ベースのボロノイ図自体は誰かによって提唱されたものではなく、点ベースのボロノイを拡張したオリジナルのものです。そのアルゴリズムのベースには、先に説明した Worley Noise を利用しています。ボリューム空間への適応が可能な Worley Noise の特徴を利用して、3次元ボリューム空間上で実装します。アルゴリズムの手順は次のようなものです。

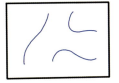 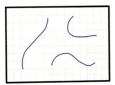 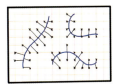 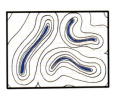

1. 3次元ボリューム空間上に任意の曲線を複数配置する
2. 3次元ボリューム空間をグリッドに分割する
3. グリッドの各点とそれぞれの曲線との最短距離を計算し、一番近い距離をボリュームの各点（ボクセル）に情報を付加する
4. グリッドの各曲線に格納された値を、任意の閾値で色情報として可視化して3次元ポリゴンに変換する

Houdini の OpenVDB というボリュームを利用することで、以上のようなアルゴリズムを簡単に実装することができます。本章のレシピでは、OpenVDB を利用してボリューム空間上で曲線ベースの3次元ボロノイ図を作る方法を説明します。

Curve-based Voronoi のレシピ

このレシピでは、Houdiniのボリューム編集機能を利用して、カーブベースのボロノイの隔壁を作りたいと思います。通常ボロノイはポイントベースで計算されますが、ポイントの代わりにカーブを用いることで、規則的に見えながらも非常に複雑なセル分割をすることができるようになります。この方法を理解すると、カーブの代わりにポリゴンをインプットにすることも可能になるので、まずはこの手法からマスターしてみてください。

ネットワーク図

Step 1 入力用のカーブを作る

Step 2 カーブベースのボロノイの計算を行う

Step 3 カーブベースのボロノイを可視化する

メインパラメータ

名前	タイプ	範囲	デフォルト値	説明
base_height	Float	0 – 10	10	ベースの高さ
spiral_radius	Float	0 – 10	2.62	スパイラルカーブの半径
spiral_angle	Float	0 – 1	0.5	スパイラルカーブの巻き角度
spiral_angle_shift	Float	0 – 1	1	ステップごとのスパイラルカーブの追加角度
spiral_offset	Float	0 – 5	1.91	スパイラルカーブの位置オフセット値
spiral_num	Integer	0 – 10	6	スパイラルカーブの数
thickness	Integer	0 – 3	2	壁の厚さ
res	Integer	0 – 200	150	ボリュームの解像度

Step 1

1-1 ラインを作る

まず最初に、カーブベースのボロノイ形状を作るにあたって必要なカーブを作成します。規則的な形状にしてみたいと思うので、基本は複数のスパイラル形状を組み合わせたものをインプットとして用います。そのために、まずはスパイラルカーブのベースとしてラインを作ります。

`Line ノード` Length と Points のパラメータを次のように設定します。
Length: `ch("../CONTROLLER/base_height")`

Line ノードのパラメータ

1-2 カーブの配列用のループのセットアップをする

任意の数だけラインを複製して、それぞれ異なるパラメータでスパイラル形状を作りたいので、ループを使うことにします。

`For-Each Number ノード` 配置された3つのノードの中の「foreach_begin」と書かれた Block Begin ノードを、Line ノードにつなげます。また「foreach_end」と書かれた Block End ノードの Iterations というパラメータは、次のようにエクスプレッションを設定し、CONTROLLER のパラメータからループの数をコントロールできるようにします。

`Line ノード` 次のようにパラメータを設定します。
Iterations: `ch("../CONTROLLER/spiral_num")`

For-Each Number の Block End ノードのパラメータ

1-3 ラインをスパイラル形状にする

ループのなかで、VEX を用いて一個一個のラインをスパイラル形状に変形していきます。

`Point Wrangle ノード` 1つ目のインプットと「foreach_begin」と書かれた Block Begin ノードをつなげます。また2つ目のインプットを「foreach_count」と書かれた Block Begin ノードとつなげます。そして VEX を記述していきます。

まずは chf 関数を使って変数を定義し、メインパラメータとエクスプレッションでリンクします。

《Point Wrangle ノードのコード》

```
// パラメータを読み込む
float rad = chf("rad"); // スパイラルカーブの半径を表すパラメータ値を読み込む
float angle = chf("angle"); // スパイラルカーブの巻き角度を表すパラメータ値を読み込む
angle = angle * $PI; // 角度の値にπをかけて、ラジアンにする
float angleshift = chf("angle_shift"); // ステップごとのスパイラルカーブの追加角度
を表すパラメータ値を読み込む
……
```

rad: ch("../CONTROLLER/spiral_radius")
angle: ch("../CONTROLLER/spiral_angle")
angle_shift: ch("../CONTROLLER/spiral_angle_shift")

Point Wrangle ノードのパラメータ

毎ループ時の番号（iteration）を取得し、それを利用してスパイラルカーブの開始の角度を変化させます。

```
……
// 現在のループの番号を、2つ目のインプットのディテールアトリビュートから取得する
int iteration = detail(1, "iteration");

// 各ポイントの高さ（Y軸方向の値）に応じて、スパイラル状の曲線にのったポイントの座標の値を作る
// X座標
float x = cos(@P.y * angle + angleshift * $PI * iteration) * rad;
// Y座標
float y = sin(@P.y * angle + angleshift * $PI * iteration) * rad;

// ポイントのXとZの値をたった今作った変数で更新し、曲線をスパイラル状に変形する
@P = set(x, @P.y, y);
```

1-4 カーブを回転する

原点にスパイラルカーブを置いたままだと、ループで作られたスパイラルカーブがお互いに重なりすぎてしまい、隔壁を作ったときの効果が見えづらくなります。そこで、それぞれのスパイラルカーブを円上のかぶらない位置に配置されるようにします。

Transform ノード 1つ前のステップで作った Point Wrangle ノードとつなげます。そして Transform Order のパラメータは「Trans Rot Scale」にし、Translate の X 軸と Rotate の Y 軸は次のように設定します。

Translate(X): `ch("../CONTROLLER/spiral_offset")`

Rotate(Y): `360 * detail("../foreach_count1/", "iteration", 0) / ch("../foreach_end1/iterations")`

Transform ノードのパラメータ

重要なのは回転と移動の順番で、先に X 方向に移動してから Y 軸で回転させることで、円を分割した位置に各スパイラルを配置することができます。

ここまでできたら、ループを抜けて複製されたスパイラルカーブがすべて表示されるようにします。

1-5 カーブに情報を付与する

作ったスパイラルカーブ一個一個に id のアトリビュートを格納します。これは後ほどボリュームをセル分割する際に利用することになります。

`Primitive Wrangle ノード` 「foreach_end」と書かれた Block End ノードとつなげ、次のようにコードを記述します。

《Primitive Wrangleノードのコード》
```
// 各プリミティブに番号をアトリビュートとして格納する
i@id = @primnum;
```

Step 2

2-1 ベースのボリュームを作る

インプットとなるスパイラルカーブができたら、それを使ってボロノイの計算を行なっていきます。まずはその準備を行います。

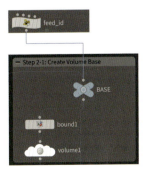

`Null ノード` 「BASE」と名前をつけ、Step 1-5 の Primitive Wrangle ノードとつなげます。

次に、ボリュームの領域を作るためにスパイラルカーブからバウンダリボックスを作ります。

`Bound ノード` 先ほどの Null ノードとつなげます。これにより、すべてのスパイラルカーブを囲うボックスを作ることができます。

ボックスが作れたら、そこからボリュームを作ります。

`Volume ノード` Bound ノードとつなげます。パラメータを次のように設定して、名前を「density」に変更します。

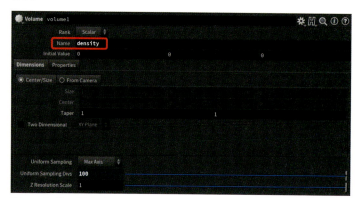

Volume ノードのパラメータ

2-2 ボリュームに名前をつける

ボリュームを作ったら、それをもう1つ複製して名前を変更します。

`Merge ノード` Step 2-1 の Volume ノードを2回つなげます。それによりボリュームを複製することができます。

`Name ノード` Merge ノードとつなげて、次のようにパラメータを設定してボリュームの名前を変更します。

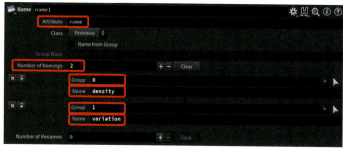

Name ノードのパラメータ

2-3 ボロノイのセルの位置を計算する

そして、いよいよ肝となるカーブベースのボロノイの計算を行います。流れとしては、まずボリュームのどのボクセルの位置がどのカーブに属しているかを割り出すために、カーブによるセル分割の計算を行います。その情報を「variation」と名前をつけたボリュームに格納したら、それを使って「density」という名前のボリュームにカーブベースのボロノイの隔壁の情報（隣り合うセルの境目）を格納します。
まずはセル分割の計算を行います。

`Volume Wrangle ノード` 1つ目のインプットに Name ノードをつなげ、2つ目のインプットに Step 2-1 で作っ

た複数のスパイラルカーブが格納されている「BASE」という名前の Null ノードをつなげます。そして次のように VEX コードを記述します。

《Volume Wrangle ノードのコード》

```
// 変数
int variation = 0; // セルの番号を示す整数の変数を作る
float minDist = 999999; // 各ボクセルに一番近い曲線までの最短距離を入れるための変数を作る

// 曲線ごとにループを回す
for(int i=0; i < nprimitives(1); i++){
    // 各ボクセルの位置から、曲線に最短距離で投影したときの位置を取得する
    vector minpos = minpos(1, "\@id=" + itoa(i), @P);
    // 曲線に投影された位置と、投影元の位置との間の距離を測る
    float dist = distance(@P, minpos);

    // ボリュームのポイントがどのセルに含まれているかを計算する
    if(dist < minDist){ // 今測った距離が、minDistの値よりも小さい場合
        minDist = dist; // minDistの値をより小さいdistの値に更新する
        variation = i; // 条件を満たしたときの曲線の番号をvariationに代入する
    }
}

// 最終的なvariationの値を、variationという名前のボリュームのボクセルの値として格納する
@variation = variation;
```

ここでやっていることは単純で、Volume Wrangle で各ボクセルから見て一番近いスパイラルのカーブを探し出し、その id をボリュームの密度の値として variation のボリュームに格納しています。それにより、各ボクセルがどのセルに属しているかを得ることができます。

2-4 ボノロイのセルの区切りの位置を計算する

次に、各ボクセルに格納されたセルの番号の情報をもとに、隣り合うセル同士の境界を導き出します。

Volume Wrangle ノード 1つ目のインプットに、Step 2-3 で作った Volume Wrangle をつなげます。そして、VEX コードを次のように記述していきます。

まずは chf 関数で定義している変数を、メインパラメータとエクスプレッションでリンクします。

《Volume Wrangle ノードのコード》

```
// 隔壁の厚さを表すパラメータ値を読み込む
int res = chi("thickness");
```

Thickness: ch("../CONTROLLER/thickness")

Volume Wrangle ノードのパラメータ

ボクセルがセルとセルの間の境界にあるかどうかを探っていきます。境界にあると判断したらボリュームに密度を与え、境界にない場合は密度を0にすることで、ボロノイの隔壁を作ります。

```
……
int add = 0; // addという名前の、ボクセルがセルとセルの間の境界にあるかどうかのフラグの変数を作る

for(int i=-res; i<=res; i++){ // X軸用に隔壁の厚さ分ループを回す
    for(int n=-res; n<=res; n++){ // Y軸用に隔壁の厚さ分ループを回す
        for(int t=-res; t<=res; t++){ // Z軸用に隔壁の厚さ分ループを回す
            // iもnもtも0じゃない場合
            if( i != 0 || n != 0 || t != 0){
                // ボリュームの近傍のポイントのセルの番号をiから取得する。その際、
                // ボクセルの境界を超えないようにminとmax関数でクランプする
                int ix = min(max(@ix + i, 0), @resx-1); // X軸
                int iy = min(max(@iy + n, 0), @resy-1); // Y軸
                int iz = min(max(@iz + t, 0), @resz-1); // Z軸

                // 作ったXYZの番号からその位置にあるボリュームの値を取得し、
                // neighbourval変数に代入する。この値は、壁の厚さ内にある
                // 近くのボクセルが属しているセルの番号を示している
                float neighbourval = volumeindex(0, 1, set(ix, iy, iz));

                // 次に、ボリュームのポイントの位置に格納されたセルの番号と、
                // 近傍のボリュームのポイントの位置に格納されたセルの番号が違っているときに
                // ポイントが境界にあるというフラグをセットする

                // ボクセルの値と、その近くにあるボクセルの値が異なる
                // (それぞれのボクセルが異なるセルに属している) 場合
                if(@variation != neighbourval){
                    add += 1; // フラグの値を1繰り上げる
                }
            }
        }
    }
}

// ボクセルが境界にあるかどうかのフラグの値が0より大き場合、
if(add > 0){
    @density = 1; // ボクセルの密度 (density) の値を1にする
}else{
    @density = 0; // ボクセルの密度 (density) の値を0にする
}
```

カーブベースのボロノイの隔壁のボリュームを作ったら、セルの番号が格納された variation のボリュームはもう必要ないので削除します。

`Delete ノード` Volume Wrangle ノードとつなげて、Group には「@name=density」と記入し、Operation は「Delete Non-Selected」に設定します。

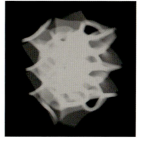

Delete ノードのパラメータ

Step 3

3-1 ボリュームをVDBに変換する

ここまで来たら、あとはボリュームを可視化していく段階になります。ボリュームのままだと輪郭がわかりづらいので、最終的にポリゴンに変換したいと思いますが、よりよい結果を出すために調整を施していきます。

ポリゴンにする前にSDFに変換するのですが、そのとき境界部分が大きな面で埋まってしまっていることがあるので、若干マージンを取ってボリュームをトリムしたいと思います。

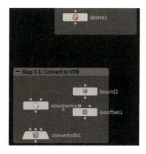

`Bound ノード`　Step 2-4 の Delete ノードとつなげ、次のようにパラメータを設定します。

Bound ノードのパラメータ

この数値は好きなマージンを設定してください。これにより、ボリュームより若干小さいボックス形状が得られます。

`IsoOffset ノード`　Bound ノードとつなげて、ボックスをボリュームに変換します。このときの IsoOffset ノードの Uniform Sampling Divs は高めに設定しておきます。

IsoOffset ノードのパラメータ

`Volume Mix ノード`　1つ目のインプットを Step 2-4 の Delete ノードとつなげ、2つ目のインプットを IsoOffset ノードとつなげます。また Mix Method のパラメータを「Minimum」に設定することで、ボリュームをトリミングすることができます。

08　Curve-based Voronoi　　161

Volume Mix ノードのパラメータ

`Convert VDB ノード` Volume Mix ノードをつなげて SDF に変換します。パラメータは、Convert To は「VDB」に、VDB Class は「Convert Fog to SDF」に設定します。

Convert VDB ノードのパラメータ

3-2 VDBをポリゴン化する

煙状のボリュームを SDF に変換した段階では、ボリュームの値が 1 か 0 しかないのでぼこぼこしています。そこで最後のステップとして、SDF に変換したボリュームをなめらかにします。

`VDB Smooth SDF ノード` Convert VDB ノードとつなげて、パラメータの Iterations で好きな数値を設定し、なめらか具合をコントロールします。

VDB Smooth SDF ノードのパラメータ

`Convert VDB ノード` VDB Smooth SDF ノードとつなげ、Convert To のパラメータを「Polygons」に設定してボリュームをポリゴンに変換します。

Convert VDB ノードのパラメータ

`Null ノード` 「FINAL」と名前をつけて、Convert VDB ノードとつなげます。

以上で完成です。ここまでできたら、CONTROLLER に登録したパラメータをいじったりして形状の変化を楽しんでみてください。それに飽きたら、Step 1 の部分で作ったスパイラルカーブの代わりに、自分でカーブを作ってインプットとして利用してみるのをおすすめします。きっと面白い結果が得られるかと思います。

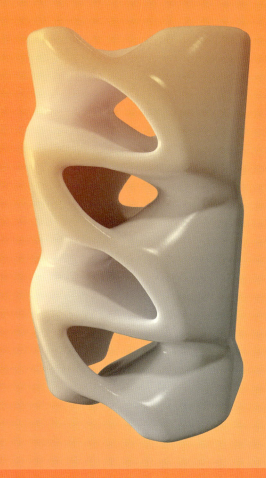

メインパラメータ
base_height: 10
spiral_radius: 2.62
spiral_angle: 0.5
spiral_angle_shift: 1
spiral_offset: 1.91
spiral_num: 2
thickness: 2
res: 150

メインパラメータ
base_height: 10
spiral_radius: 5.72
spiral_angle: 0.152
spiral_angle_shift: 1
spiral_offset: 1.91
spiral_num: 9
thickness: 2
res: 150

09
Differential Growth
分化成長

海洋動物のなかには興味深い形態をもった動物が存在していますが、それらのなかでも特徴的なものの1つに珊瑚が挙げられます。珊瑚は刺胞動物に属している動物で、成長とともに固い骨格をもっています。また「珊瑚」と一括りに言っても多様な分類があり、形態や性質も様々です。この章では、そのなかでもサオトメシコロサンゴという珊瑚に注目します。この珊瑚は葉状群体という成長形で、大きな葉状の先端部分が他の部分とぶつからないように分岐し成長し続けることで、葉のヒダが蛇行して折り重なったような見た目になります。なお、このような成長形態は、ケイトウという花の構造などにも見ることができます。

本章では、このような成長に応じたヒダ形状を作るためのアルゴリズムの解説と、その実装の仕方を説明したいと思います。

Differential Growthのアルゴリズム

✳ 分化成長アルゴリズム

サオトメシコロサンゴのようなヒダ状の形態を作るためには、その成長過程を理解する必要があります。この珊瑚やケイトウなどの成長については、Nervous Systemというデザインスタジオのジェシー・ローゼンバーグ（Jesse Louis-Rosenberg）が、Floraformというインターネット記事で紹介している説明が1つの指針になるでしょう。

彼は、ハイイー・リアン（Haiyi Liang）とL・マハデヴァン（L. Mahadevan）による「The shape of a long leaf」と「Growth, geometry, and mechanics of a blooming lily」という論文を参照して、葉の外周の境界が分化していくことにより葉が折り重なるように成長していくという仮説を立てました。このように分化して成長していく様を、分化成長（Differential Growth）と呼びます。

分化成長は次のような過程を踏みます[★1]。

1. ベースとなる大きな面（例えば葉）がある
2. ベースの面の外周の境界線を全体的に膨らませる
3. 膨んだ境界が葉の面に当たらないように移動する
2〜3 を繰り返す

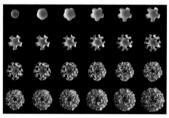

Nervous Systemによる分化成長のダイアグラム[★2]

シンプルな形状を成長させて複雑に折り込んだ形を生成できるこのアルゴリズムは、シンプルながらも非常に面白い結果を生んでくれます。この複雑に入り組んだ形状は、実際のところ1枚の面だけでできているところもまた非常に面白い点です。

✳ 2次元の分化成長アルゴリズム

この成長過程を実現するために、まずは2次元空間の曲線ベースで実現するためのアルゴリズムを説明します。次のような過程を踏むことで、2次元空間上での分化成長の再現が可能になります[★3]。

★1 Nervous System, "Floraform," https://n-e-r-v-o-u-s.com/projects/sets/floraform
★2 Nervous System, "FLORAFORM SYSTEM," https://n-e-r-v-o-u-s.com/projects/albums/floraform-system

1. 複数のノード（点）が結び合されてできた線や円など、ベースとなる曲線を用意する
2. 曲線上のノードの間に、新しいノードをランダムに追加する
3. ノード同士が最低限の距離を保ちながらなるべく近づくようにノードを移動させる

2〜3 を繰り返す

最後のステップを繰り返し行うことで、次第に曲線が成長し、お互いがぶつからないように2次元上で折り込まれてヒダのような形状ができます。

このとき、気をつけなければならないことが1点あります。例えば円がベースの形状の場合、ステップ2でノードを追加するときにその位置が円上にぴったり乗っていると、ステップ3でノードが移動する段階ですべてのノードが外側の方向へ均等に移動する可能性があることです。もしそうなれば、折り込んだ形にならず、ただただ円が大きくなっていくことになります。つまり、ノードを新しく追加する際は、追加するベースの曲線上から内側あるいは外側に微妙にずらした位置に配置する必要があります。

✱ 3次元の分化成長アルゴリズム

この考え方は、3次元にも拡張することができます。3次元空間上において、メッシュベースで葉が分化成長していく様は、次のような流れで実現可能です[★4]。

  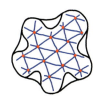 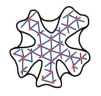

1. 複数の頂点を持つメッシュの面（例えば円形）を、ベースの面として用意する
2. メッシュ上に頂点をランダムに追加する
3. メッシュを構成する頂点が、その近傍の点と一定の距離を保ち、かつ他の頂点とはぶつからないように頂点を移動させる

2〜3 を繰り返す

レシピ編では、このアルゴリズムに基づいて、3次元で成長して折り込む珊瑚形状を Houdini で再現する具体的な方法を説明したいと思います。

★3 Inconvergent, "Differential Line," https://inconvergent.net/generative/differential-line
★4 Inconvergent, "Differential Mesh 3D," https://inconvergent.net/generative/differential-mesh-3d

Differential Growth のレシピ

このレシピでは、分化成長（Differential Growth）の考えをベースに、Houdiniの機能をフルに利用して成長するサンゴを作っていきたいと思います。このサンゴのような形態が成長していく様や完成する形状のトポロジーは非常に面白いものです。同じテクニックは別の用途にも応用することができるので、まずはベーシックなこの分化成長の方法を学ぶといいでしょう。

ネットワーク図

Step 1
分化成長する
サンゴのベースを作る

Step 2
拡散反応系の
ベースを設定する

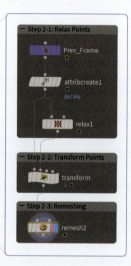

Step 3
分化成長した
サンゴを表現する

メインパラメータ

名前	タイプ	範囲	デフォルト値	説明
base_size	Float	0 – 1	0.6	ベースの円の半径
fit_length	Float	0 – 1	0.25	リメッシュ時のエッジの長さ
speed	Float	0 – 1	0.227	サンゴの成長速度
thickness	Float	0 – 1	0.1	サンゴの厚さ

168　Chapter 3　レシピ編

Step 1

1-1 ベースの円形を作る

まず、サンゴのベースとなる形状を円形で作ります。

Circle ノード Primitive Type のパラメータは「Polygon」に、Divisions は 128 に設定しておきます。なお、Uniform Scale には以下のようにエクスプレッションを設定しておきます。

Uniform Scale: `ch("../CONTROLLER/base_size")`

Circle ノードのパラメータ

1-2 カーブの配列用のループのセットアップをする

次に、ベースの形状のアウトラインを指定の密度で細分化します。

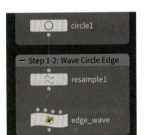

Resample ノード Circle ノードとつないで、Length のパラメータを次のように設定し、CONTROLLER に登録したパラメータで細分化具合をコントロールできるようにします。

Length: `ch("../CONTROLLER/fit_length")`

Resample ノードのパラメータ

このとき細分化した際にできるポイントは XY 平面に乗っていますが、実はこのままだと分化成長のシミュレーションをするにあたって問題があります。というのは、成長する度にポイントを Z 軸方向にも移動させたいのですが、バネのような力を使って他のポイントの位置から自分の位置を動かすため、現状のようにすべてのポイントの Z 軸が 0 に置いてあると、計算上 Z 軸方向には移動しないことになってしまいます。なので、それぞれのポイントを Z 方向に異なる値で微妙に移動するように初期設定しておきます。

Point Wrangle ノード 1つ目のインプットと Resample ノードをつなげます。また、次のような VEX コードを

書いて、サイン関数を使ってＺ軸上にポイントを波打たせます。

《Point Wrangleノードのコード》
```
// 円を構成するポイントの番号に応じてサイン関数を使って波の値を作る
float val = 0.05 * sin($PI * 2 * 4 / npoints(0) * @ptnum);

// 円を構成するポイントをＺ軸方向に波打たせる
@P.z = val;
```

1-3 ベースをリメッシュする

次に、同じような長さのエッジで分割されるようにジオメトリをリメッシュします。

Remeshノード　Point Wrangleノードとつなげ、Target Edge Lengthのパラメータを次のように設定して、エッジの長さにResampleノードで使ったパラメータと同じ値を使うようにします。

Target Edge Length: `ch("../CONTROLLER/fit_length")`

Remeshノードのパラメータ

以上でサンゴのベースは完成したので、次からは実際にこれを成長させていきます。

Step 2

サンゴを成長させるにあたって、ここではSolverノードを使います。

Solverノード　Remeshノードを1つ目のインプットにつなげます。Solverノードをダブルクリックしてなかのネットワークに入り、ここに成長に必要なノードをつなげていきます。

2-1 ジオメトリのポイントをリラックスさせる

まずはジオメトリの各ポイントに必要なアトリビュートを格納します。

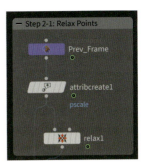

Attribute Create ノード Name には「pscale」と記述します。Default と Value には以下のように設定して、pscale のアトリビュートに Resample や Remesh ノードに用いた長さの半分の大きさを設定します。半分にする理由は、次のノードにおいて、pscale をポイント上で半径として使うからです。

Default: `ch("../../../../CONTROLLER/fit_length")/2`
Value: `ch("../../../../CONTROLLER/fit_length")/2`

Attribute Create ノードのパラメータ

pscale のアトリビュートを格納できたら、この値に応じてポイントを均します。つまり、ポイント同士の距離が pscale に応じて調整されるようにします。

Point Relax ノード 1つ目のインプットに Attribute Create ノードをつなげて、Max Iterations のパラメータを 1 にしておきます。

Point Relax ノードのパラメータ

これにより、pscale の値に応じて近すぎるポイントはお互い遠ざかり、遠すぎるポイントはお互い近くようになります。

2-2 ジオメトリのポイントを移動する

次に、ジオメトリのポイントを外に広がるように移動します。具体的には、リラックスする前のポイントからリラックスした後のポイントに移動したベクトルを利用して、その方向に点をさらに移動させます。

Point Wrangle ノード 1つ目のインプットに Attibute Create ノードをつなげ、2つ目のインプットに Point Relax ノードをつなげます。そして、次のように VEX コードを記述してポイントを移動します。

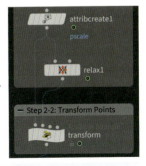

《Point Wrangle ノードのコード》
```
// 変形するスピードのパラメータを読み込む
float speed = chf("speed");
```

```
// ポイントの位置を取得する
vector pt1 = @P;
// 2つ目のインプットから得られるPoint Relaxノードで移動されたポイントの位置を取得する
vector pt2 = point(1, "P", @ptnum);

// ポイントを、元のポイントの位置からPoint Relaxノードで移動されたポイントに向けて、
// 指定のスピードで移動させる
@P = pt1 + (pt2-pt1) * speed;
```

なお、chf 関数で定義した Speed は、以下のようにメインパラメータとエクスプレッションでリンクしておきます。

Speed: `ch("../../../../CONTROLLER/speed")`

Point Relax ノードのパラメータ

2-3 リメッシュする

ソルバーネットワークの最後の手順として、ポイントを移動することで拡張されたジオメトリのエッジの長さを、再度 Remesh ノードを使って調整します。

Remesh ノード　Point Wrangle ノードとつなげます。Target Edge Length のパラメータを次のように設定し、CONTROLLER にある fit_length のパラメータよりも小さめにすることで、次のフレームでポイントがリラックスしたときに外向きに移動されるようにします。

Target Edge Length: `ch("../../../../CONTROLLER/fit_length") - $F * 0.002 * ch("../../../../CONTROLLER/speed")`

Remesh ノードのパラメータ

以上で、ソルバーネットワークで行う処理は終わりになります。この状態でソルバーネットワークを抜けて再生してみると、徐々にサンゴが成長していく様を見ることができるはずです。

Step 3

3-1 ジオメトリをなめらかにする

あとは出来上がったジオメトリを綺麗にして、厚みを与えていきます。

`Remesh ノード` Solver ノードとつなげます。またパラメータを次のように設定して、メッシュを細分化します。

Target Edge Length: `ch("../CONTROLLER/fit_length")*0.5`

Remesh ノードのパラメータ

`Smooth ノード` Remesh ノードとつなげることで、全体的に表面をなめらかにします。また、Constrained Boundary のパラメータを「None」にしておくことで、ジオメトリの境界部分もなめらかになるようにします。

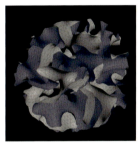

Smooth ノードのパラメータ

3-2 ジオメトリに厚さを与える

次に、現状の薄い表面に厚みを与えます。

`PolyExtrude ノード` Smooth ノードとつなげて、Distanceh のパラメータを次のように設定します。なお、Output Back のチェックボックスはオンにしておきます。

Distanceh: `ch("../CONTROLLER/thickness")`

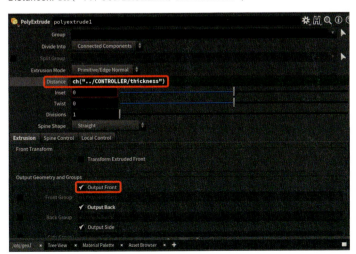

PolyExtrude ノードのパラメータ

09 Differential Growth 173

3-3 再度ジオメトリをなめらかにする

PolyExtrudeによって厚みをつけるとエッジに固い部分が出てくるため、再度なめらかにしていきます。

`Smooth ノード` PolyExtrudeノードとつなげてなめらかにします。

`Subdivide ノード` Smoothノードとつなげて頂点を追加することで、さらになめらかにします。

`Null ノード` Subdivideノードとつなげて、「FINAL」という名前をつけます。

これで成長するサンゴの完成となります。この手法は実にシンプルではあるものの、出力される形状は非常に複雑で、シンプルなプロセス故に応用性も高いと言えます。障害物などの情報を加えてサンゴを成長させることもできるので、ぜひ試してみてください。

メインパラメータ
base_size: 0.6
fit_length: 0.25
speed: 0.227
thickness: 0.15

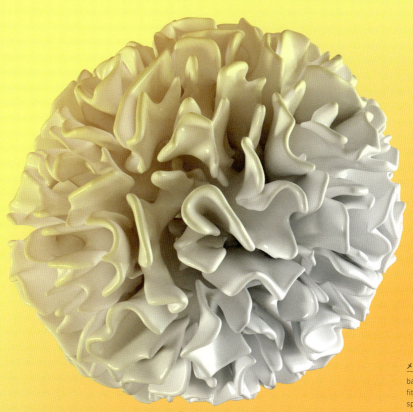

メインパラメータ
base_size: 0.6
fit_length: 0.25
speed: 0.227
thickness: 0.1

10

Strange Attractor
ストレンジ・アトラクター

カオス力学という、予測ができない複雑な現象を扱う力学があります。ただし、ここで言う「予測ができない」というのはランダムということではなく、ただ数学的に予測ができないというだけで、同じパラメータであれば得られる結果は常に同じになります。そして、このカオス力学の研究課題の1つに、アトラクターと呼ばれるものがあります。アトラクターとは時間経過によって移動する集合で、その集合の移動の軌跡の形状がフラクタル構造を含む複雑な形状になるものをストレンジ・アトラクターと呼びます。この章では、このストレンジ・アトラクターのアルゴリズムを解説した上で、それを実装する方法を説明します。

Strange Attractorのアルゴリズム

☀ ローレンツ・アトラクター

カオス的なふるまいを示すストレンジ・アトラクターになりうる方程式はいくつも発見されていますが、そのなかでも有名なものに、エドワード・N・ローレンツ (Edward Norton Lorenz) が1963年に提示した、ローレンツ方程式によるローレンツ・アトラクターがあります。彼は地球の大気変動を研究するにあたり、たった3つの変数（点の位置を表す x, y, z）を使う方程式を完成させました。その方程式は次のようなものです[★1]。

$$\frac{dx}{dt} = -px + py$$
$$\frac{dy}{dt} = -xz + rx - y$$
$$\frac{dz}{dt} = xy - bz$$

この式の x と y と z はそれぞれの点の軸の位置を表す変数で、p と r と b はこの方程式の振る舞い方を決定する定数となっています。

この計算モデルは実際に大気で起こっていることのほんの少ししか表現できないトイモデル（意図的に単純化した計算モデル）ではありましたが、これにより、3D空間上の点の位置だけで大気の状態を表せるようにしました。

p=10、r=28、b=8/3 のときのローレンツ・アトラクター

具体的にこのローレンツ方程式の使い方を説明すると、次のような流れになります。

1. 空間に1つの点を配置する (ex. x=0.1, y=0, z=0)
2. 方程式を使い、現在の点の位置 (x, y, z) の情報から、時間経過による点の移動ベクトル ($\frac{dx}{dt}$, $\frac{dy}{dt}$, $\frac{dz}{dt}$) を計算する
3. 現在ある点の位置から、方程式を使って点を移動する

2～3 を繰り返す

このときの点の軌跡を描写すると、1回の計算では算出できないカオスな軌跡を描くことができま

★1 "Math:Rules Strange Attractors," https://www.behance.net/gallery/7618879/MathRules-Strange-Attractors

す。最終的に得られる形は定数によって決定されるものの、時間経過に応じたアップデートを繰り返し行わないと結果を得ることができません。

似たような予測のつかない軌跡としては 2 重振り子なども挙げられますが、ストレンジ・アトラクターの面白い点は、長い時間をかけて軌跡を描くと、その軌跡の形状自体にフラクタルな構造を見てとることができるところです。それ故に、現れる形状にはどこか美しさがあります。

✳ その他のストレンジ・アトラクター

ローレンツ・アトラクターはストレンジ・アトラクターの一種で、他にもたくさんの種類のストレンジ・アトラクターが存在しています。例えば次のようなものがあります。

  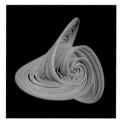 

The Aizawa Attractor　　The Dequan Li Attractor　　The Halvorsen Attractor　　The Thomas Attractor

どれも、それぞれ別の人によって発見された方程式を使うことで導きだされるアトラクターとなっています。どのようなアトラクターがあるかを、その見た目と方程式を 1 セットの一覧で見せてくれるウェブサイト（https://www.behance.net/gallery/7618879/MathRules-Strange-Attractors）があるので、そこでどういったものがあるのかを見てみることをおすすめします。どれも非常に魅力的な形状をしています。

レシピ編では、Houdini を使って一番有名なローレンツ・アトラクターの作り方を説明します。ただ、その方程式を他のアトラクターのものに変更することで、それらも同じように描写することが可能なので、方程式の一覧を見ながら好きなものを可視化してみてください。

Strange Attractor のレシピ

このレシピでは、ストレンジ・アトラクターの代表格であるローレンツ・アトラクターを、その計算式から作っていきたいと思います。再帰的な計算を必要とするので、Houdiniで行う場合は1フレームでループで計算させるか、ソルバーを使って各フレームで再帰的な計算を行うかの2通りの方法があります。今回は後者の方法をとって、アニメーションとしてどのようにストレンジ・アトラクターが作り上げられていくかがわかるようにしたいと思います。

ネットワーク図

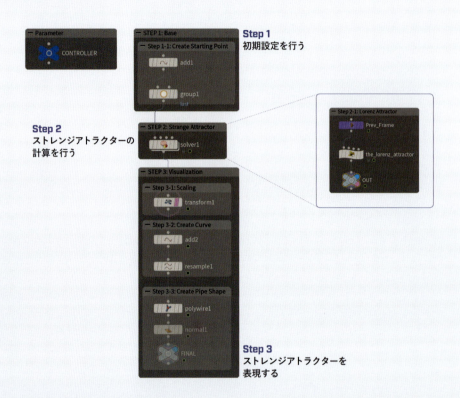

Step 1 初期設定を行う

Step 2 ストレンジアトラクターの計算を行う

Step 3 ストレンジアトラクターを表現する

メインパラメータ

名前	タイプ	範囲	デフォルト値	説明
alpha	Float	-2 – 0	-1	ローレンツアトラクターのパラメータ
beta	Float	0 – 5	2.667	ローレンツアトラクターのパラメータ
gamma	Float	-2 – 0	-1	ローレンツアトラクターのパラメータ
delta	Float	0 – 50	10	ローレンツアトラクターのパラメータ
epsilon	Float	-2 – 0	-1	ローレンツアトラクターのパラメータ
rho	Float	0 – 50	28	ローレンツアトラクターのパラメータ
zeta	Float	-2 – 0	-1	ローレンツアトラクターのパラメータ
dt	Float	0 – 0.01	0.005	1フレーム分の移動スケール
scale	Float	0 – 1	0.125	全体のサイズ

Step 1

1-1 開始のポイントを作る

ストレンジ・アトラクターは、基本的には数式を使ってポイントを移動させるときの軌跡を描画することで見えてくるものなので、まずは移動させるポイントを作ります。

Add ノード　1個目のチェックボックスをオンに、またPoint 0のX軸を0.1に設定して、ポイントを1個作ります。X軸上に微妙に移動させているのは、ポイントを原点においてしまうと計算の結果が毎回0になってしまうからです。

Add ノードのパラメータ

ポイントを作ったら、それが最後に作られたことを示すグループを設定します。

Group Create ノード　Add ノードとつなげて、パラメータを次のように設定し、「last」という名前のグループを設定します。

Group Create ノードのパラメータ

初期設定は以上になります。

Step 2

次にソルバーを使って、計算式に則ってポイントを移動させていきます。

Solver ノード　1つ目のインプットとGroup Create ノードをつなげます。そしてSolver ノードのパラメータを次のように設定します。

Solver ノードのパラメータ

Sub Steps を非常に大きくしているのは、1 回の計算だと移動値が微々たるもので、アニメーションとして見せるには変化がなさすぎるからです。1 フレームで計算される回数を大きくすることで、アニメーションとしても変化が見えやすくなります。

そして、Solver ノードをダブルクリックしてネットワークに入り、計算式を記述していきます。

2-1 ローレンツ・アトラクターの計算を行う

ソルバーネットワークのなかでやることは 1 つだけで、「last」というグループがついたポイントを計算式に則って移動させるだけです。

Point Wrangle ノード 1 つ目のインプットを Prev_Frame につなげ、Group のパラメータに「last」と記述します。その上で次のように VEX コードを記述していきます。

Point Wrangle ノードのパラメータ

まずは chf 関数で定義している変数を、メインパラメータとエクスプレッションでリンクします。

《Point Wrangle ノードのコード》
```
// ローレンツ・アトラクターのパラメータ値を読み込む
float alpha = chf("alpha");
float beta = chf("beta");
float delta = chf("delta");
float gamma = chf("gamma");
float epsilon = chf("epsilon");
float rho = chf("rho");
float zeta = chf("zeta");
float dt = chf("dt"); // 1フレーム分の移動スケールを表すパラメータ値を読み込む
……
```

alpha: ("../../../../CONTROLLER/alpha")
beta: ("../../../../CONTROLLER/beta")
delta: ("../../../../CONTROLLER/delta")
epsilon: ("../../../../CONTROLLER/epsilon")
gamma: ("../../../../CONTROLLER/gamma")
zeta: ("../../../../CONTROLLER/zeta")
dt: ("../../../../CONTROLLER/dt")
rho: ("../../../../CONTROLLER/rho")

```
Alpha    ch("../../../../CONTROLLER/alpha")
Beta     ch("../../../../CONTROLLER/beta")
Delta    ch("../../../../CONTROLLER/delta")
Epsilon  ch("../../../../CONTROLLER/epsilon")
Gamma    ch("../../../../CONTROLLER/gamma")
Zeta     ch("../../../../CONTROLLER/zeta")
Dt       ch("../../../../CONTROLLER/dt")
Rho      ch("../../../../CONTROLLER/rho")
```

Point Wrangle ノードのパラメータ

アルゴリズムの項で説明しているローレンツ・アトラクターの計算式を使って、3軸の移動値を計算していきます。

```
……
// X方向への移動の値（アルゴリズムの項の dx/dt に相当）
float dx = delta * (@P.y - @P.x);
// Y方向への移動の値（アルゴリズムの項の dy/dt に相当）
float dy = @P.x * (rho - @P.z);
// Z方向への移動の値（アルゴリズムの項の dz/dt に相当）
float dz = @P.x * @P.y - beta * @P.z;
// 現在のポイントを移動させて位置情報を作る
vector npos = set(@P.x + dx*dt, @P.y + dy*dt, @P.z + dz*dt);

// たった今作った位置に新しくポイントを追加する
int npt = addpoint(0, npos);

// たった今作ったポイントにlastというグループを設定する
setpointgroup(0, "last", npt, 1);
// 移動元となったポイントはlastというグループを外す
setpointgroup(0, "last", @ptnum, 0);
```

このようにして、過去のポイントは軌跡のポイントとして残し、新しく移動して作られたポイントが次の計算時に利用されるようにします。

ソルバーネットワーク内でやることは以上で、この状態でネットワークを出て再生すると、ポイントの軌跡が徐々に生成されてアトラクターの形状を浮かび上がります。

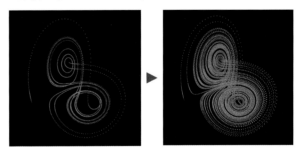

Step 3

3-1 ポイント群をスケールする

ローレンツ・アトラクターのポイントの軌跡を得ることができたら、その流れがわかるように表現していきたいと思います。まずは全体の大きさを調整します。

Transform ノード　Solver ノードとつなげて、Uniform Scale のパラメータを次のように設定します。

Uniform Scale: ch("../CONTROLLER/scale")

Transform ノードのパラメータ

3-2 ポイントからカーブを作る

次に、ポイントの軌跡からカーブを作ります。

Add ノード　Transform ノードとつなげて、パラメータの By Group というタブをクリックします。すると、すべてのポイントを順番に結ぶカーブを得ることができます。

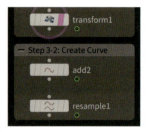

Add ノードのパラメータ

ローレンツ・アトラクターによるポイントの移動距離は一定ではないため、この状態のままだとカーブ上のポイントの密度具合がまばらで、後ほど厚みをつける際に不具合が生じます。そこで一定の距離で細分化されるようにしたいと思います。

Resample ノード　Add ノードとつなげて、Length のパラメータを次のように設定することでカーブを細分化します。

Resample ノードのパラメータ

3-3 カーブに厚さを与える

最後に、カーブに厚みをあたえてポリゴン化したいと思います。

`PolyWire ノード`　Resample ノードとつなげます。Wire Radius を任意に設定して厚みを与え、曲線をポリゴン化します。

Polywire ノードのパラメータ

`Normal ノード`　PolyWire ノードとつなげて、法線方向を綺麗にします。

`Null ノード`　「FINAL」という名前にして、Normal ノードとつなげれば完成となります。

ここまでできたら、CONTROLLER に登録したローレンツ・アトラクターのパラメータを変えて、最初のフレームから再生しなおしてみましょう。様々な形状の変化が見られるはずです。シンプルな計算式をただ繰り返し適用しているだけなのに、まったく同じ位置には収束せず、しかし全体的には幾何学的な形状が浮かび上がってくる様は面白いものです。ぜひローレンツ・アトラクター以外のアトラクターの計算式も入力して、そのバリエーションを楽しんでもらえればと思います。

11
Fractal Subdivision
フラクタル・サブディビジョン

単純な操作でも、それを繰り返し行うことで非常に複雑な結果を得られることがあります。その一例がフラクタル構造です。1つの操作から作られた形状に対してまた同じ操作を行い、その結果に対してまた同じ操作を行い……ということを繰り返すことで、ときに予測のつかない結果が得られることがあります。フラクタル構造を利用した形状は数多ありますが、本章では3次元形状であるポリゴンメッシュの各面に対して、繰り返しサブディビジョン（面の分割）を行い、かつ移動やスケール回転といった単純な図形操作を行うことで、複雑な形状を作り上げる方法を説明します。

Fractal Subdivisionのアルゴリズム

❋ フラクタルの基礎

まずは、フラクタルの仕組みを理解するところから始めます。本書でも何回か出てきている単語ではありますが、フラクタルの簡単な定義は、「部分と全体が自己相似になっている」ということです。これを「再帰構造を持っている」とも言います。このような構造を持つものは、どんなに拡大していっても永遠と同じような構造を見ることができ、最初の章で紹介しているマンデルバルブもまたフラクタル構造を持つ図形の1つと言えます。

わかりやすい例が、コッホ曲線と呼ばれる、スウェーデンの数学者であるヘルゲ・フォン・コッホ（Helge von Koch）によって考案されたフラクタル図形です。次のようなルールで繰り返し図形の操作をすることで、自己相似の複雑な地形のような形状を作ることができます。

1. 線分を描く
2. 現在あるすべての線分に対して、線分を3等分し、真ん中の線分の2つの点を頂点とする正三角形を作図する

2 を繰り返す

このコッホ曲線のフラクタル操作を三角形から始めると、コッホの雪片と呼ばれる図形を作ることができます。

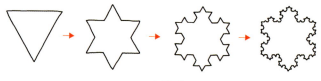

コッホの雪片

このフラクタルの例は、各ステップにおいて規則的に一定の操作を行っているため、出来上がる図形も非常に規則的です。しかし、1つ1つの単純な図形操作の段階で、繰り返しの回数や線分の番号に応じて回転やスケールなどの操作を加えると、規則的ではある一方で背後のルールが複雑に見える図形を描くことができます。

例えば、その他の有名なフラクタル図形の1つにフラクタルツリーがあります。この作り方は次のような流れになります。

1. 木の幹となる線分を縦に1本描く
2. 線分の終点から任意の角度と大きさで2本の枝を伸ばす
3. 2 を繰り返す

このステップ2の角度やスケールの値を、枝の番号の値や繰り返しの回数の値を利用して変化させることで、非対称性なフラクタル図形を作ることができるようになります。

フラクタル構造を持つツリー [★1]

✴ フラクタル・サブディビジョン

では、この単純な操作の繰り返しによって自己相似性のある3次元のフラクタル図形を作る際、そのアウトプットとしてどのようなバリエーションが考えられるでしょうか。そのおおまかな方向性は、主に次の要素で決定することができます。

① 扱う図形要素（点、線分、面）
② 初期の図形（三角形、四角形 …etc）
③ 繰り返し行う図形操作（移動、スケール、回転 …etc.）
④ 空間・図形・構造情報に応じた図形変化（位置情報、順番の番号、繰り返しの回数 …etc.）

今回は、それぞれ次の要件におけるフラクタル図形を探索してみたいと思います。

① ポリゴンメッシュの面
② 正多面体
③ サブディビジョン（細分割曲面）、頂点の移動
④ 繰り返しの回数

この要素決めは、マイケル・ハンスマイヤー（Michael Hansmeyer）とベンジャミン・ディレンバーガー（Benjamin Dillenburger）の「Digital Grotesque」というプロジェクトにヒントを得て決めたものです。そのプロジェクトは、砂岩の3Dプリンタを利用して、アルゴリズムによってデザインされたほら穴の形の礼拝所を作るというものです。そこで使われたアルゴリズムは非常にシンプルながらも、植物をミクロなレベルで見たときのような複雑で魅力的な形状を生み出すことに成功しています（気になる方は、レファレンスに掲載した彼らの公式サイトをぜひ覗いてみてください）。

★1 © Mark Seeman 2017, https://blog.ploeh.dk/2017/06/06/fractal-trees-with-purescript/

彼らが利用したアルゴリズム自体はフラクタルをベースにしていて、次のような流れとなっています[★2]。

1. シンプルなベースのポリゴンメッシュを用意する
2. ポリゴンメッシュの各面にサブディビジョンをかける
3. サブディビジョンをかけた後に、新しく作ったメッシュの頂点を移動する

ステップ 2〜3 を繰り返す

上記のプロセスだけで、なんとも複雑な形状を作り出すことができます。さて、ここで何度か登場しているサブディビジョンという図形操作ですが、これは面の分割方法の一種です。

✳ サブディビジョンのアルゴリズム

サブディビジョンとは、3 次元コンピュータグラフィックスの分野において、ポリゴンメッシュを規則的に細かく分割していく図形操作のことです。繰り返しこのアルゴリズムをポリゴンメッシュに適用することで、徐々にメッシュを細かくすることができます。

サブディビジョン自体にはいくつかの異なるアルゴリズムがあり、近似細分割手法と補間細分割手法の 2 種類に大きく分類することができます。近似細分割手法に属するサブディビジョンのアルゴリズムは、ポリゴンメッシュに適用するたびに、ポリゴンメッシュを構成する頂点の位置が近傍の点を参照して平均化され、サブディビジョンをかければかけるほどスムースな曲面が現れるアルゴリズムです。例えば、ボックス形状である立方体に対して、この近似細分割手法のアルゴリズムを繰り返し適用すると、次第にその形状が球体に近づきます。

それに対して補間細分割手法では、面を細かく分割しますが、頂点の位置は移動しないためベースのボックス形状の立方体が保たれます。今回利用するのは、この補間細分割手法の 1 つである Bilinear Subdivision というアルゴリズムです。それは次のようなものです。

1. ベースの面を用意する
2. 1 つの面を構成するエッジの中心に点を追加する
3. 面を構成する頂点から平均の位置を割り出し、その位置に新しい点を追加する
4. エッジの中心の点と平均位置の点を結んで新たなエッジを作り、面を分割する

このサブディビジョンのアルゴリズムとフラクタルの仕組みを組み合わせることで、複雑な形状を簡単に作り出すことができます。レシピ編では、Houdini を使ってこれをどのように実現するかを説明します。

★2 http://digital-grotesque.com/design.html#detailing

Fractal Subdivision のレシピ

このレシピでは、フラクタルおよびサブディビジョンのアルゴリズムを組み合わせて、シンプルなメッシュ形状を複雑なフラクタル形状にしていきたいと思います。仕組み自体は非常にシンプルなものなので、汎用性も高いです。インプットとなるベースのメッシュ形状を変化させるだけでも、実に様々な表情のフラクタル形状を生み出すことができます。フラクタルに関しては、HoudiniのFor Eachノードを利用することで簡単に実装することができます。ただサブディビジョンに関しては、Subdivideというノードがあるにはありますが、ノードベースだと非常に手間がかかってしまうため、ここではVEXコードを書いて実装していくことにします。

ネットワーク図

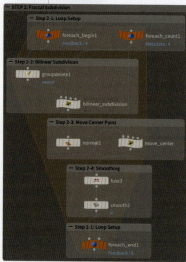

Step 1
フラクタル化する
ベースを作る

Step 2
フラクタル・
サブディビジョンを
作る

Step 3
フラクタル・
サブディビジョンを
表現する

メインパラメータ

名前	タイプ	範囲	デフォルト値	説明
base_size	Float	0 – 10	1	ベースの球体の半径
iteration	Integer	0 – 7	5	再帰計算の回数
subdiv_move	Float	0 – 10	2	サブディビジョン時の頂点の平行移動値
normal_scale	Float	0 – 5	0.2	サブディビジョン時の頂点の垂直移動値
smooth	Float	0 – 10	1	スムージングの値
angle	Float	0 – 2	0.1	サブディビジョン時の頂点の回転角度

Step 1

1-1 球体をベースとして作る

最初に、サブディビジョンをかけるフラクタル図形のベースとなる形状を作ります。ここでは球体をベースに作りたいと思います。

Sphere ノード 次のようにパラメータを設定します。Uniform Scale を次のように設定してメインパラメータとリンクします。Rows と Columns は固定の数値を入れていますが、これらを変化させれば異なるバリエーションを生成することができるのでコントロール可能に設定するのもよいでしょう。

Uniform Scale: ch("../CONTROLLER/base_size")

Sphere ノードのパラメータ

Step 2

2-1 フラクタルのためのループのセットアップを行う

ベースの形状ができたら、さっそくフラクタルの計算をするループに入りたいと思います。

For-Each Number ノード 3つ配置されるノードの中で、「foreach_begin」と書かれた Block Begin ノードを Sphere ノードとつなげます。その Block Begin ノードの Method パラメータは「Fetch Feedback」に設定します。

For-Each Number の Block Begin (foreach_begin1) ノードのパラメータ

Block End ノードの Iterations は次のように設定してメインパラメータとリンクします。

terations: ch("../CONTROLLER/iteration")

For-Each Number の Block End ノードのパラメータ

2-2 ジオメトリにサブディビジョンをかける

ループに入ったら、早速今回のレシピのなかで重要な手順であるサブディビジョンをかけます。Houdini には、Subdivide というメッシュに対してサブディビジョンをかけるノードがあります。しかし、今回はサブディビジョンをかけたメッシュの特定のポイントにグループを付加したいのですが、Subdivide ノードを使ってしまうと特定のポイントの指定が難しいため、あえてコードで行うことにします。

Group Delete ノード　「foreach_begin」と書かれた Block Begin ノードとつなげて、まずはすべてのポイントから「newpt」というグループを削除します。この「newpt」というグループがついたサブディビジョンによって、新たに作られたポイントだけに移動や回転といった操作をしていきます。最初に「newpt」を削除するのは、過去に作られたポイントを除外するためです。

Group Delete ノードのパラメータ

そして、Primitive Wrangle ノードを使って、メッシュの一個一個の面（プリミティブ）にサブディビジョンをかけていきます。サブディビジョンと一言でいっても色々な種類があるのですが、ここで使うのは Bilinear Subdivision です。これは、面を構成するエッジの中心にポイントをまず追加し、その面自体の中心にもポイントを追加して、エッジ上のポイントと面の中心ポイントを結んで新たなエッジを作るものです。

Primitive Wrangle ノード　1つ目のインプットに Group Delete ノードをつなげ、2つ目のインプットは「foreach_count」と書かれた Block Begin ノードとつなげます。そして VEX コードを次のように記述していきます。

まずは、初期変数を作ります。

《Primitive Wrangleノードのコード》
```
// プリミティブに属するポイントのリストを取得する
int pts[] = primpoints(0, @primnum);
// newPtsという名前の空の整数のリストを作る
// このリストに新しく追加されたポイントを追加していく
int newPts[] = {};
// 面の中心点の位置を表すベクトルの変数を作る
vector cen = set(0,0,0);
……
```

アルゴリズムの項で説明しているサブディビジョンを以下のコードで行っていきます。まずプリミティブごと

にBilinear Subdivisionをかけていくのですが、このとき重要なのは、サブディビジョンをかけたときに新しく作られる面の中心のポイントにだけ、「newpt」というグループを付与していることです。このポイントの操作を後ほどループで繰り返すことにより、非常に複雑な形状ができるという仕組みです。

```
......
// プリミティブを構成する点の数だけ（面のエッジの数だけ）ループを回す
for(int i=0; i<len(pts); i++){
    // ・プリミティブのエッジの中心に点を追加
    // 面の各エッジの始点の位置を取得する
    vector pos1 = point(0, "P", pts[i]);
    // 面の各エッジの終点の位置を取得する
    vector pos2 = point(0, "P", pts[(i+1) % len(pts)]);
    // 面の各エッジの始点と終点から、エッジの中点の位置を取得する
    vector cenpos = (pos1 + pos2) * 0.5;

    // 各エッジの中点の位置にポイントを追加する。
    int newPt = addpoint(0, cenpos);
    // newPtsというリストに新しく追加したポイントの番号を追加する
    append(newPts, newPt);
    // プリミティブを構成するポイントの位置をcenという変数に足し合わせる
    cen += pos1;
}
// プリミティブの中心点を計算して追加する
cen /= float(len(pts)); // cenというベクトルの変数を面を構成するポイントの数で割り、面の中心点の位置を取得する
int cenpt = addpoint(0, cen); // 面の中心点の位置に、ポイントを追加する
setpointgroup(0, "newpt", cenpt, 1); // 追加した中心点だけを動かせるようにグループを設定する

// 再度プリミティブを構成する点の数だけループを回す
for(int i=0; i<len(pts); i++){
    // ・4つの頂点を使って分割された面を作成
    // i番目のエッジの中点の番号をnewPtsというリストから取得する
    int pt1 = newPts[i];
    // i番目の次にある面を構成するポイントの番号を取得する
    int pt2 = pts[(i+1) % len(newPts)];
    // i番目の次にあるエッジの中点の番号をnewPtsというリストから取得する
    int pt3 = newPts[(i+1) % len(newPts)];
    // 上の3つに加えて、面の中点の4つのポイントの番号から新しい面を作る。
    // ループ分繰り返すことで、ベースの面を分割するように4つの面が出来上がる
    int prim = addprim(0, "poly", pt1, pt2, pt3, cenpt);

    // ループの番号が0だった場合
    if(i == 0){
        // pt2の番号の位置にあるポイントの位置を取得する
        vector pos = point(0, "P", pt2);
        // プリミティブ（面）の中心点からpt2の番号の位置に向かうベクトルを作る
        vector dir = pos - cen;
        // 面の中心点のポイントに、dirという名前のアトリビュートでたった今作ったベクトルを
        // 格納する。このベクトルが、面の中心点を後ほど動かす際の方向となる
        setpointattrib(0, "dir", cenpt, dir);
    }
}
```

```
//  分割に利用した元のプリミティブ（面）を削除する
removeprim(0, @primnum, 1);
```

2-3 新しく作られたポイントを移動する

コードを使ってメッシュにサブディビジョンをかけると法線情報がぐちゃぐちゃになってしまうため、一度ここで Normal ノードをつかって法線情報を整えます。

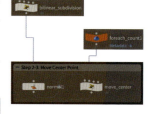

Normal ノード　Primitive Wrangle とつなげて次のようにパラメータを設定することで、法線情報を整えることができます。

Normal ノードのパラメータ

次に、新しく作られたポイントを移動や回転をするという重要なステップに入ります。

Point Wrangle ノード　1つ目のインプットと Normal ノードをつなぎ、2つ目のインプットと「foreach_count」と書かれた Block Begin ノードとをつなぎます。パラメータの Group は「newpt」に設定し、新しく作られた面の中心のポイントだけがコードの影響を受けるようにし、VEX コードを次のように記述していきます。

Point Wrangle ノードのパラメータ

まず、CONTROLLER で設定した各種のパラメータを読み込みます。

《Primitive Wrangle ノードのコード》
```
//  サブディビジョン時の頂点の垂直移動値を表すパラメータ値を読み込む
float normalscale = chf("normal_scale");
//  サブディビジョン時の頂点の平行移動値を表すパラメータ値を読み込む
float movescale = chf("move_scale");
//  サブディビジョン時の頂点の回転角度を表すパラメータ値を読み込む
float angle = chf("angle");
//  現在のループの番号を取得する
int ite = detail(1, "iteration");
……
```

move_scale: `ch("../CONTROLLER/subdiv_move")`
normal_scale: `ch("../CONTROLLER/normal_scale")`
angle: `ch("../CONTROLLER/angle")`

Move Scale	`ch("../CONTROLLER/subdiv_move")`
Normal Scale	`ch("../CONTROLLER/normal_scale")`
Angle	`ch("../CONTROLLER/angle")`

Point Wrangle ノードのパラメータ

次に、アルゴリズムの項で説明している、フラクタル・サブディビジョンの面の頂点を移動させる行程について書いていきます。水平方向と垂直方向（法線方向）のどちらにも移動させることにより、より複雑な形状になるようにセットアップしています。

```
……
// ポイントに格納された、dirというアトリビュートから中心点を移動するためのベクトルを取得し、
// その値と平行移動に関するパラメータ、ループの番号を利用して、
// ポイントを平行に移動するための移動ベクトルを作る
vector movedir = v@dir * movescale / float(ite + 1);

// ループの回数に応じてベクトルを回転させる
matrix mat = ident();  // 単位マトリックスを作る
rotate(mat, $PI * angle / float(ite + 1), @N);  // マトリックスをループの回数に
応じた回転角度で、ポイントの法線方向を軸に回転する

// 水平方向と垂直方向へポイントを移動させる
@P += (movedir * mat);  // 水平方向へ移動するベクトルをマトリックスを掛け合わせて回転させ、
そのベクトルの方向へポイントを移動する
@P += @N * normalscale / float(ite + 1);  // 垂直移動のパラメータとループの番号の
値を利用してポイントを垂直方向に移動する
```

このとき、CONTROLLER に登録した subdiv_move や normal_scale や angle のパラメータを変化させることで、ポイントの移動位置を様々にコントロールできるようになり、結果的に多様な形状変化をこの時点の操作で生い出すことができます。

2-4 ジオメトリをなめらかにする

この時点では、出来上がったジオメトリはかなり尖っているので、いったんなめらかにします。

Fuse ノード Point Wrangle ノードをつなげ、重なった点を 1 つにまとめます。

Smooth ノード Fuse ノードとつなげて、Strength のパラメータを CONTROLLER から操作できるように、次のようにエクスプレッションを設定します。

Strength: `ch("../CONTROLLER/smooth")`

Smooth ノードのパラメータ

以上で、ループを使ったフラクタル状のサブディビジョンの実装は終わりなので、Smooth ノードを「foreach_end」とかかれた Block End ノードにつなげ、ループを出ます。この状態で CONTROLLER に登録した iteration のパラメータを増やすと、その数に応じてループが行われ、サブディビジョンがかけられていくことで面がどんどん複雑になっていきます。

Step 3

3-1 ジオメトリにサブディビジョンをかける

ここまでで、フラクタル状のサブディビジョンによる形状自体は完成なのですが、その見た目はまだカサカサしていてあまりディテールが見えてきません。そこで、少し調整を加えてディテールを際立たせたいと思います。

Subdivide ノード　Block End ノードとつないで、Catmull-Clak のサブディビジョンをかけます。これによりカサカサしていた形状がなめらかになり、ディテールが見やすくなります。

Subdivide ノードのパラメータ

3-2 ジオメトリに色をつける

今度はジオメトリに、ポイントの曲率に応じて色をつけてみたいとおもいます。

Measure ノード　Subdivide ノードとつなげ、Element Type と Measure を次のように設定して、曲率のアトリビュートがポイントに格納されるようにします。

Measure ノードのパラメータ

Color ノード　Measure ノードとつなげて、Color Type は「Ramp from Attribute」、Attribute は「curvature」に設定して、曲率に応じて色を変えられるのようにします。パラメータの Attribute Ramp では、曲率が低いところから高いところにかけての色の分布を任意に設定してください。

Color ノードのパラメータ

3-3 色をぼかす

このままでも綺麗なのですが、少しエッジが際立ちすぎているので、最後に少し色をぼかして完成させます。

`Attribute Blur ノード` Color ノードとつなげてパラメータを次のように設定します。Attributes のパラメータには「Cd」と記述しています。

Attribute Blur ノードのパラメータ

これで全体的に色がなめらかになり、フラクタル状のサブディビジョン形状を綺麗に表現することができるようになりました。

`Null ノード` 「FINAL」という名前をつけて、Attribute Blur モードとつなげれば完成です。

このレシピに関しても、パラメータを様々に変化させることで色々な形状が生成される様を楽しむことができます。応用としては、インプットに用いる形状を変化させてみたり（例えば Torus を入れてみたり）、Step 2-3 で行なっている点の移動・回転の操作をもっとカスタマイズしてみたりと、色々手を入れることでまた違った形状を生成することができるので、ぜひ試してみてください。

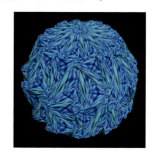

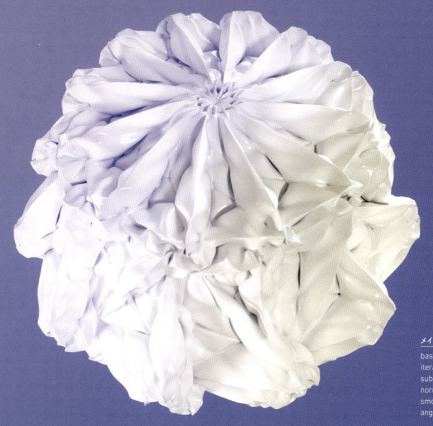

メインパラメータ
base_size: 1
iteration: 5
subdiv_move: 1.5
normal_scale: 0.3
smooth: 0
angle: 0.05

メインパラメータ
base_size: 1
iteration: 3
subdiv_move: 2.33
normal_scale: 0.37
smooth: 0
angle: 0.531

12
Swarm Intelligence
群知能

魚や鳥などが群れになって動き回る様子を、実際にあるいはテレビなどで目にしたことがあるかもしれません。その様子は、まるでその群れ自体に意思があるように見えるほど1つ1つの個体の動きの統制がとれていて、背後に大きなルールが隠れているかのようです。実のところあの動きは、各個体の局所的なルールが相互的に作用することで生まれていると考えられています。この群のシステムの作り方に関して、これまでにいくつかのアルゴリズムが発表されていて、それらの技術は総じて群知能（Swarm Intelligence）と呼ばれています。

この章では、そのなかでも仕組みがシンプルでわかりやすく、応用もしやすいボイド（Boids）というアルゴリズムに注目して、その解説と実装方法を説明します。

Swarm Intelligenceのアルゴリズム

※ 群知能のアルゴリズム

まずはじめに、群知能にはどのようなアルゴリズムがあるのかを見てみましょう。

群知能自体は人工知能あるいは人工生命の技術として認識されていて、生物的なふるまいをベースに特定の問題の最適化を行うために活用されています。群知能に属すると考えられるアルゴリズムの一部には、次のようなものがあります。

- ボイド（Boids）：飛ぶ鳥の群体のシミュレーション
- 自己駆動粒子群（Self-propelled particles）：ボイドに移動の揺らぎを加えたアルゴリズム
- 確率的拡散探索（Stochastic diffusion search）：群体ベースのパターン照合アルゴリズム
- 蟻コロニー最適化（Ant colony optimzation）：蟻の巣の仕組みをモデルにした最適化アルゴリズム
- 粒子群最適化（Particle swarm optimization）：n次元空間での最適解が点や面で表される課題のための最適化アルゴリズム
- 人工蜂コロニーアルゴリズム（Artificial bee colony algorithm）：ミツバチの採餌行動に基づいたシミュレーション
- 人工免疫システム（Artificial immune system）：免疫システムに基づいたルールベースの機械学習システム
- 荷電系探索（Charged system search）：物理学と力学の法則に基づいたマルチエージェントシステム
- カッコウ探索（Cuckoo search）：カッコウの托卵行動に基づいた最適化アルゴリズム
- ホタルのアルゴリズム（Firefly algorithm）：蛍の光り方に基づいた最適化アルゴリズム
- 重力探索アルゴリズム（Gravitational search algorithm）：万有引力の法則と質量の相互作用にもとづいた探索アルゴリズム
- Intelligent water drops：河川が経路を作る様子に基づいた最適化アルゴリズム
- マルチスウォーム最適化（Multi-swarm optimization）：粒子群最適化の粒子群を複数のグループに分けたもの
- 河川形成力学（River formation dynamics）：水の流れが川を形成する様子を真似たシミュレーション

このなかでもボイドは、その過程が生物的なふるまいを示し、かつ非常にシンプルなため、群知能のアルゴリズムを試すにはちょうどよいアルゴリズムです。その結果生まれるビジュアルが非常に面白いのもよい点です。

※ ボイド（Boids）アルゴリズム

ボイドというアルゴリズムは、1986年にクレイグ・レイノルズ（Craig Raynolds）という研究者が作った鳥や魚の動きをシミュレートするために作ったコンピュータモデルで、群知能のアルゴリズムのなかでも初期の段階に登場したものです。彼が作ったアルゴリズムの詳細は、翌年の1987年に

ACM SIGGRAPHというコンピュータグラフィックス系の学会で発表され、その後このアルゴリズムは様々な分野で利用されるようになっていきました。例えば、建築の分野ではローランド・スヌークス（Roland Snooks）などが自身の有機的な建築デザインに応用していたりします。

鳥の群の動き[★1]

レイノルズは、群の動きについて、局所的なルールをもつ個体が他の個体と相互的に関わることで、全体として大きな規則を持っているような動きを作ることを示すためのモデルを作り、コンピュータ上で魚や鳥の群の動きをシミュレートできるようにしました。具体的には、群のなかの1つ1つのエージェントと呼ばれる個体に対して、以下の3つのシンプルな振る舞いを局所的なルールとして設けました[★2]。

Separatation（分離）：他のエージェントとの距離が近い場合に離れる

Alignment（整列）：他のエージェントと同じ向きを向く

Cohesion（結合）：他のエージェントとの距離が離れている場合に近づく

それぞれのエージェントが他のエージェントを認識できる距離を限定することで、1つのエージェントが他のすべてのエージェントに影響されることがないように制限しています。つまり、それぞれの分離、整列、結合の振る舞いに対して、異なる探索半径を持っているということです。

そして、これだけのルールで複数のエージェントを2次元あるいは3次元空間状で動かすと、エージェント同士がお互いに影響しあって、群の動きをシミュレートすることができるようになります。

本レシピでは、このボイドのアルゴリズムを3次元空間上で実装して、群のシミュレーションを行いたいと思います。

★1　Alastair Rae, CC BY-SA 2.0 (https://creativecommons.org/licenses/by-sa/2.0)
★2　"Boids," https://www.red3d.com/cwr/boids

Swarm Intelligence のレシピ

このレシピでは、ボイドのアルゴリズムを使って空間を泳ぎ回る魚のシミュレーションを作り、それを3次元で表現したいと思います。ここでは標準的なボイドのセットアップ方法をベースにシミュレーションを行います。これも汎用性の高いアルゴリズムで、様々な改変ができるのが魅力です。まず本レシピで基本をおさえて、その上でぜひ拡張してみてください。

ネットワーク図

Step 1 ボイドの初期設定を行う

Step 2 ボイドのシミュレーションを行う

Step 3 ボイドを表現する

メインパラメータ

名前	タイプ	範囲	デフォルト値	説明
num_boids	Integer	0 – 1000	10	ボイドの数
sep_radius	Float	0 – 10	1.5	分離のための探索範囲
coh_radius	Float	0 – 10	3	結合のための探索範囲
ali_radius	Float	0 – 10	2.5	整列のための探索範囲
sep_strength	Float	0 – 10	3	分離の強さ
coh_strength	Float	0 – 10	1	結合の強さ
ali_strength	Float	0 – 10	1	整列の強さ
max_force	Float	0 – 0.1	0.01	力の最大値
max_speed	Float	0 – 1	0.3	最大速度
bound_size	Float	0 – 100	50	境界のボックスのサイズ
boundary_bounce_offset	Float	0 – 10	3	境界から離れようとする力が発生する境界からの距離
agent_size	Float	0 – 2	1.5	ボイドのサイズ

Step 1

1-1 ボイドの境界をボックスで作る

まずはボイド（魚）が泳ぎ回る境界をボックスで作成します。

`Box ノード` Uniform Scale のパラメータを以下のように設定して、メインパラメータとつなげます。

Uniform Scale: `ch("../CONTROLLER/bound_size")`

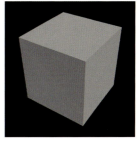

Box ノードのパラメータ

1-2 ボイドとなるポイントを作る

境界としてのボックスを作ったら、そのなかにボイドの元となるポイントを複数作成します。まずはボックスをボリュームに変換します。

`IsoOffset ノード` Box ノードとつなげて、Uniform Sampling Divs を 50 に設定します。

IsoOffset ノードのパラメータ

次に、ボリュームの中にポイントを複数作ります。

`Scatter ノード` IsoOffset ノードにつなげて、次のように Force Total Count のパラメータを設定し、CONTROLLER でポイントの数をコントロールできるようにします。

Force Total Count: `ch("../CONTROLLER/num_boids")`

12　Swarm Intelligence　207

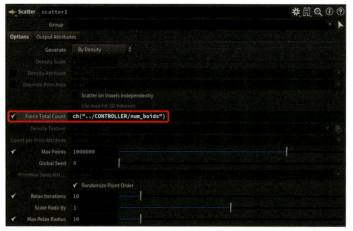

IsoOffset ノードのパラメータ

1-3 ボイドに情報を付加する

ボイドの元となるポイントができたら、そこにシミュレーションに必要な初期情報を付加していきます。

Point Wrangle ノード　1つ目のインプットと Scatter ノードを結んで、次のように VEX コードを記述します。

《Point Wrangleノードのコード》
```
// ボイドの初期速度をランダムな方向に設定する
v@vel = (random(@P * 100) - set(0.5, 0.5, 0.5)) * 2;
// ボイドの初期加速度を大きさ0のベクトルに設定する
v@acc = set(0,0,0);
// ボイドにかかる力の最大値をパラメータ値から取得し設定する
f@maxforce = chf("max_force");
// ボイドの移動最大速度をパラメータ値から取得し設定する
f@maxspeed = chf("max_speed");
// ボイドのidをポイントの番号から取得し設定する
i@id = @ptnum;
// ポイントにagentというグループを設定する
setpointgroup(0, "agent", @ptnum, 1);
```

chf 関数で定義した変数をプロモートし、メインパラメータとリンクしておきます。

max_force: ch("../CONTROLLER/max_force")
max_speed: ch("../CONTROLLER/max_speed")

Point Wrangle ノードのパラメータ

Step 2

ボイドのシミュレーションの準備ができたところで、実際のシミュレーションの実装に入っていきます。今回は毎フレーム結果を更新したいので、ソルバーを使います。

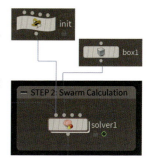

Solver ノード 1つ目のインプットに Step 1-3 で作った Point Wrangle を、2つ目のインプットには Step 1-1 で作った Box ノードをつなぎます。

2-1 ボイドの境界をボックスで作る

まず最初に行うのが分離（Separation）の計算です。「ボイド同士がある一定の距離よりも近くなったとき、一定の距離を保つようにお互いの距離を離す」というルールを、一個一個のボイドに追加していきます。

Point Wrangle ノード Prev_Frame というノードとつなげます。パラメータの Group に「agent」と記入して、エージェントタイプのポイントにルールを適用させます。今回はエージェントタイプのポイントしか存在しないのですが、もし今後このレシピを拡張する際に新たなタイプのボイドを追加したい場合は、このグループを変更することで場合分けをするのがよいでしょう。そして、ここに VEX コードを記述していきます。

Point Wrangle ノードのパラメータ

まず、CONTROLLER で設定した各種のパラメータを読み込みます。

《Point Wrangle ノードのコード》

```
float ndist = chf("ndsit"); // 分離のための探索範囲を表すパラメータ値を読み込む
float fratio = chf("fratio"); // 分離の強さを表すパラメータ値を読み込む

vector steer = set(0, 0, 0); // ボイドが分離により進む方向を示すベクトルを作る
int count = 0; // ボイドから見て、探索範囲内に何個他のボイドがあるかを示す整数の変数を作る
……
```

ndist: ch("../../../../CONTROLLER/sep_radius")
fratio: ch("../../../../CONTROLLER/sep_strength")

Point Wrangle ノードのパラメータ

アルゴリズムの項で説明している「分離」の行程を記述していきます。

```
……
// ボイドから分離のための探索範囲にある他のボイドのリストを取得する
int npts[] = nearpoints(0, @P, ndist);
// ボイドのリストの大きさだけループを回す
```

```
for(int i = 0; i<len(npts); i++){
    // リストからボイドの番号を取り出す
    int npt = npts[i];
    // 取り出したボイドの番号が探索元のボイドの番号と異なる場合（自分相手に計算を行わないため）
    if(@ptnum != npt){
        // 探索に引っかかったボイドの位置を取得する
        vector ppos = point(0, "P", npt);
        // 探索元のボイドと探索に引っかかったボイドの間の距離を測る
        float d = distance(@P, ppos);

        // 探索に引っかかったボイドから探索元のボイドに向かうベクトルを作る
        vector diff = @P - ppos;
        // 作ったベクトルの大きさを1にする
        diff = normalize(diff);
        // 大きさが1のベクトルをボイド間の距離で割り、大きさを調整する
        diff /= d;
        // steerに大きさを調整したベクトルを足し合わせる
        steer += diff;
        // countに1を加える
        count++;
    }
}

// countの値が0より大きい場合
if(count > 0){
    // steerのベクトルをcountの値で割り、平均の移動用のベクトルを取得する
    steer /= float(count);
}

// steerの大きさが0より大きい場合
if(length(steer) > 0){
    // steerのベクトルの大きさを1にする
    steer = normalize(steer);
    // steerのベクトルにボイドのポイントに格納されたmaxspeedの値を掛け合わせる
    steer *= f@maxspeed;
    // steerのベクトルからvelというボイドの速度を示すアトリビュートのベクトル値を引く
    steer -= @vel;

    // steerの大きさがマックス値よりも大きい場合はクランプする
    if(length(steer) > f@maxforce){
        // steerのベクトルの大きさを1にする
        steer = normalize(steer);
        // steerのベクトルに、ボイドのポイントに格納されているmaxforceの値を掛け合わせる
        steer *= f@maxforce;
    }
}

// ボイドの加速度のアトリビュートaccに、分離の強さのパラメータ値をかけたsteerベクトルを足して、
// 分離の方向への加速度を増やす
v@acc += steer * fratio;
```

ここでは、スピードが出過ぎないように事前にポイントに格納されているmaxforceで力を抑えています。これで、ポイント同士が近寄りすぎたら離れようとする力が加速度としてポイントに格納されるようになりました。

2-2 整列の計算を行う

次に、近くにあるポイント同士が同じ方向を向こうとする整列（Alignment）の力もポイントに加えていきます。

Point Wrangle STEP 2-1で作ったPoint Wrangleとつなぎ、VEXコードを記述していきます。

Point Wrangle ノードのパラメータ

まず、CONTROLLERで設定した各種のパラメータを読み込みます。

《Point Wrangleノードのコード》

```
// 整列のための探索範囲を表すパラメータの値を読み込む
float ndist = chf("ndsit");
// 整列の強さを表すパラメータの値を読み込む
float fratio = chf("fratio");

// ・必要な空の変数の作成
// steerという整列する方向を示すベクトルの変数を作る
vector steer = set(0, 0, 0);
// sumというボイドの速度ベクトルを足し合わせるのに利用するベクトルの変数を作る
vector sum = set(0,0,0);
// 整列のための探索にひっかかったボイドの数を格納するための変数を作る
int count = 0;
```

ndist: ch("../../../../CONTROLLER/sep_radius")
fratio: ch("../../../../CONTROLLER/sep_strength")

Point Wrangle ノードのパラメータ

アルゴリズムの項で説明している「整列」の行程を記述していきます。

```
……
// ボイドからみて、整列の探索範囲にある他のボイドのリストを取得する
int npts[] = nearpoints(0, @P, ndist);
// 探索に引っかかったボイドの数だけループを回す
for(int i = 0; i<len(npts); i++){
    // 探索に引っかかった個々のボイドの番号を取得する
    int npt = npts[i];
    // ボイドの番号と探索に引っかかったボイドの番号が異なる場合（自分相手に計算を行わないため）
    if(@ptnum != npt){
        // sum変数に探索に引っかかった各ボイドの速度ベクトルを足し合わせる
        sum += point(0, "vel", npt);

        // countの数を1あげる
        count++;
    }
}
```

```
// もしcountの値が0より大きい（整列のための探索に1個以上のボイドが引っかかった）場合
if(count > 0){
    // sumのベクトル値をcountの値で割り、
    // 探索に引っかかったボイドの速度ベクトルの平均値を計算する
    sum /= float(count);

    // 平均の移動ベクトルからsteerベクトルを作成する
    sum = normalize(sum); // sumのベクトルの大きさを1にする
    sum *= f@maxspeed; // sumのベクトルに、ボイドのmaxspeedという最大速度を表すアト
                        リビュートに格納された値を掛け合わせる
    steer = sum - v@vel; // sumの値からボイドのベクトルの速度ベクトルの値を引き、その結
                          果をsteerベクトルの値とする

    // steerの大きさがマックス値よりも大きい場合はクランプする
    if(length(steer) > f@maxforce){
        // steerのベクトルの大きさを1にする
        steer = normalize(steer);
        // steerのベクトルにボイドに格納されたmaxforceの値を掛け合わせる
        steer *= f@maxforce;
    }
}else{ // countの値が0である（探索範囲にエージェントがない）場合
    // 整列に利用するsteerベクトルの大きさを0にする
    steer = set(0,0,0);
}

// steerの大きさが0より大きい場合
if(length(steer) > 0){
    steer = normalize(steer); // steerの大きさを1にする
    steer *= f@maxspeed; // ボイドに格納されたmaxspeedの値を掛け合わせる
    steer -= @vel; // steerからボイドの速度ベクトルを引く

    // steerの大きさがマックス値よりも大きい場合
    if(length(steer) > f@maxforce){
        steer = normalize(steer); // steerの大きさを1にする
        steer *= f@maxforce; // steerに、ボイドの格納されたmaxforceの値を掛け合
                              わせる
    }
}
// ボイドの加速度のアトリビュートaccに、steerに整列の強さを掛け合わせたベクトル値を足し合わせる
v@acc += steer * fratio;
```

ここでは、基本的には先ほどの分離のコードと同じことをしています。1つ違うのは、ポイントの近くにある他のポイントの速度ベクトル vel を参照し、そのベクトルから近くにあるポイントがどちらを向いているのかを得ているところです。その情報から割り出した平均の方向へ行く力を加速度に加えています。

2-3 結合の計算を行う

最後に、ポイント同士がある一定の距離の範囲内で離れている場合に、お互いを引き合わせる結合（Cohesion）の力を計算します。

Point Wrangle ノード　1つ目のインプットに Step 2-2 で作った Point Wrangle ノードをつなげて、VEX コードを記述していきます。

Point Wrangle ノードのパラメータ

まず、CONTROLLER で設定した各種のパラメータを読み込みます。

《Point Wrangle ノードのコード》

```
// 結合のための探索範囲を表すパラメータの値を読み込む
float ndist = chf("ndsit");
// 結合の強さを表すパラメータの値を読み込む
float fratio = chf("fratio");

// 必要な空の変数の作成する
vector sum = set(0,0,0); // sumというボイドの位置ベクトルを足し合わせるのに利用するベクトルの変数を作る
vector steer = set(0, 0, 0); // steerという整列する方向を示すベクトルの変数を作る
int count = 0; // 結合のための探索にひっかかったボイドの数を格納するための変数を作る
```

ndist: ch("../../../../CONTROLLER/sep_radius")
fratio: ch("../../../../CONTROLLER/sep_strength")

Point Wrangle ノードのパラメータ

アルゴリズムの項で説明している「結合」の行程を記述していきます。

```
……
// ボイドからみて、結合の探索範囲にある他のボイドのリストを取得する
int npts[] = nearpoints(0, @P, ndist);
// 探索に引っかかったボイドの数だけループを回す
for(int i = 0; i<len(npts); i++){
    // 探索に引っかかった個々のボイドの番号を取得する
    int npt = npts[i];
    // ボイドの番号と探索に引っかかったボイドの番号が異なる場合（自分相手に計算を行わないため）
    if(@ptnum != npt){
        // 探索に引っかかったポイントの位置を取得する
        vector ppos = point(0, "P", npt);
        // 取得した位置をsumというベクトルに足し合わせる
        sum += ppos;
        
        // countの値を1繰り上げる
        count++;
    }
}
```

```
// countの値が0より大きい（結合のための探索に1個以上のボイドが引っかかった）場合
if(count > 0){
    sumのベクトル値をcountの値で割り、探索に引っかかったボイドの位置の平均値を計算する
    sum /= float(count);

    // 自分から探索範囲にある他のエージェントの平均の位置へ向かうベクトルを計算する
    vector desired = sum - @P; // ボイドの位置から探索範囲内にある他のボイドの平均位
    置に向かうベクトルを作り、desiredというベクトルの変数に代入する
    desired = normalize(desired); // たった今作ったdesiredというベクトルの大き
    さを1にする
    desired *= f@maxspeed; // desiredのベクトルにボイドに格納されたmaxspeedとい
    う値を掛け合わせる
    steer = desired -v@vel; // desiredのベクトルからボイドの速度ベクトルを引き、そ
    の結果をsteerに代入する

    // steerベクトルの大きさがボイドに格納されたmaxforceの値よりも大きい場合
    if(length(steer) > @maxforce){
        // steerに、ボイドの格納されたmaxforceの値を掛け合わせる
        steer = normalize(steer) * f@maxforce;
    }
}else{ // countの値が0（探索範囲にエージェントがない）の場合
    // 結合に利用するsteerベクトルの大きさを0にする
    steer = set(0,0,0);
}

// もしsteerの大きさが0より大きい場合
if(length(steer) > 0){
    // steerの大きさを1にする
    steer = normalize(steer);
    // steerに、ボイドに格納されたmaxspeedの値を掛け合わせる
    steer *= f@maxspeed;
    // steerからボイドの速度ベクトルを引く
    steer -= @vel;

    // steerの大きさがマックス値よりも大きい場合はクランプする
    if(length(steer) > f@maxforce){
        steer = normalize(steer); // steerの大きさを1にする
        steer *= f@maxforce; // steerに、ボイドの格納されたmaxforceの値を掛け合
        わせる
    }
}

// ボイドの加速度のアトリビュートaccに、steerに結合の強さを掛け合わせたベクトル値を足し合わせる
v@acc += steer * fratio;
```

2-4 ボイドの位置をアップデートする

分離、整列、結合のそれぞれの力の計算結果を、ポイント（ボイド）の加速度のアトリビュートに加えたら、その加速度を利用して実際にポイントを移動させます。

`Point Wrangle ノード`　Step 2-3 で作った Point Wrangle ノードとつなげ、VEX コードを次のように記述します。

《Point Wrangle ノードのコード》

```
// ボイドの速度ベクトルvelに、加速度ベクトルaccを足し合わせ、ボイドが移動する方向と速度を更新する
v@vel += v@acc;

// ボイドの速度ベクトルの大きさがボイドのmaxspeedの値よりも大きい場合
if(length(v@vel) > f@maxspeed){
    // ボイドの速度ベクトルの大きさをmaxspeedの値に制限する
    v@vel = normalize(v@vel) * f@maxspeed;
}

@P += v@vel;  // ボイドのポイントの位置を速度ベクトルを使って移動する
v@acc *= 0;   // ボイドのポイントの加速度ベクトルの大きさを0にする
@N = v@vel;   // ボイドのポイントの法線ベクトルを速度ベクトルと同じにする
……
```

このときポイントは、次のフレームでの計算で速度ベクトルが使えるように、速度ベクトルのアトリビュートはそのまま残しているのに対し、加速度ベクトルは毎フレーム計算し直すので、この時点でゼロにリセットしている点です。

Point Wrangle ノードのパラメータ

2-5 ボイドを境界で反射する

ポイントの移動ができたのはいいのですが、もし境界より外に出た場合にどうするかを考えなければいけません。2 通りの方法が考えられて、1 つは境界に近づいたらそこから離れるように反射するという方法です。もう 1 つは、境界を過ぎたら反対側から現れるようにワープさせる方法です。

ワープはいかにもコンピュータグラフィックス的ではありますが、今回は境界に近づいたら反対の方向を向かせる方法を実装してみたいと思います。まず準備として、境界のボックスにポイント（ボイド）を投影し、その法線情報とポイントの法線情報を比較して、境界内にポイントがあるかどうかをチェックします。

`Ray ノード`　1 つ目のインプットに Step 2-4 で作った Point Wrangle ノードをつなげ、2 つ目のインプットに「Input_2」と書かれたノードをつなげます。これは、Solver ノードの 2 つ目のインプットにつないだ境界のボ

ックスが得られるジオメトリとなります。そして次のようにパラメータを設定し、ポイントをボックスに最短距離で投影させ、その位置でのボックスに対する法線情報がポイントに格納されるようにします。

Ray ノードのパラメータ

次は、Point Wrangle ノードを使って、ポイントをボックスの境界面で反射させます。

Point Wrangle ノード　1つ目のインプットに Step 2-4 の Point Wrangle ノードをつなぎ、2つ目のインプットに Ray ノードをつなげます。そして次のように VEX コードを記述していきます。

Point Wrangle ノードのパラメータ

まず、CONTROLLER で設定した各種のパラメータを読み込みます。

《Point Wrangle ノードのコード》
```
// 境界から離れようとする力が発生する境界からの距離を表すパラメータ値を読み込む
float boundarybounce = chf("boundary_offset");
```

boundary_offset: ch("../../../../CONTROLLER/boundary_bounce_offset")

Point Wrangle ノードのパラメータ

そして、ポイントが境界ボックスの中に入っているかどうかを、ポイントの法線情報と、Ray ノードを使ってボックスに投影されたときに作られた法線情報を比較することでチェックします。もし境界の外にポイントがある場合は、ポイントの速度ベクトルをそのまま反対の方向へ向くように設定します。一方でポイントが境界の中にある場合は、境界からの距離に応じてボイドが内側へ戻るような力を速度ベクトルに加えます。境界に近ければ近いほど、反射しようとする力が強まるという寸法です。

```
......
// Wrangleノードの2つ目のインプットから、バウンダリのボックスに投影された
// エージェントの位置と法線方向を取得する
vector projectpos = point(1, "P", @ptnum); // 位置
vector projectnormal = point(1, "N", @ptnum); // 法線情報

// ボイドのポイントの位置から、ボックスに投影されたポイントへ向かうベクトルを作る
vector dir = normalize(projectpos - @P);
// たった今作ったベクトルと、投影されたポイントのボックスに対する法線ベクトルの内積を計算する
float dot = dot(dir, projectnormal);

// 内積の結果がマイナスの値の（ポイントがボックスの外にある）場合
if(dot < 0){
    v@vel *= -1; // ボイドのポイントの速度ベクトルを反対方向にする
}else{ // 内積の結果がプラスの（ポイントがバウンダリの内側にある、自身がバウンダリに近い）場合、内側へ向かう力を速度ベクトルに加える
```

```
    // ボイドのポイントと、ボックスに投影されたポイントとの距離を測る
    float dist = distance(@P, projectpos);
    // 距離とboundarybounceの変数の値を比較し、小さい値の方をdist変数に入れる
    dist = min(dist, boundarybounce);
    // ボックスに投影されたポイントからボイドのポイントに向かうベクトルを大きさ1で作る
    vector movedir = normalize(@P - projectpos);
    // distの値を0.1～0.0の範囲にリマップする（ボイドが境界のボックスに近いほど0.1を得られ、
    // ボイドが境界のボックスから離れるほど0に近くようにリマップする）
    float movescale = fit(dist, 0, boundarybounce, 0.1, 0.0);

    // ボイドの速度ベクトルにポイントが境界のボックスから離れようとする力を加える。
    // ポイントがボックスに近いほど強い力になるように、たった今作ったmaxscale変数を掛け合わせる
    v@vel += movedir * movescale;
}
```

以上で、ソルバーネットワークでのシミュレーションの実装は終わりです。ネットワークから出て再生してみると、ポイントが他のポイントとの位置関係に応じて動き回り、群としての動きを見せている様を確認できるかと思います。

Step 3

3-1 ボイドの軌跡を作る

ポイントの状態のままでは、群としての動きがなかなか認識しづらく、どの方向を向いているかもわかりません。そこで、ボイドに3次元的に質量を加えたいと思います。まずは、ポイントが動いていく軌跡を短めに取ることで、ボイドの方向がわかるようにします。

Trailノード Solverノードとつなげて、Trail Lengthのパラメータを8に、Trail incrementは10にしておきます。そして、Evaluate Within Frame Rangeのチェックボックスはオンにしておきます。

Point Wrangleノードのパラメータ

これにより、比較的短めのトレイルのポイントを作ることができます。

3-2 軌跡をカーブに変換する

同じidのアトリビュートの値を持つポイント同士を線で結ぶことで、軌跡を見やすくします。

Addノード Trailノードとつなげ、パラメータのBy Groupタブをクリックした上で、次のように設定します。なお、Attribute Nameには「id」と記入します。

Addノードのパラメータ

これにより、軌跡をカーブとして表現することができるようになります。とはいえ、ポイントの数が少ないこともあり、まだ若干のかたさがあります。

Resampleノード Addノードとつなげて、パラメータを次のように設定することで曲線を細分化し、同時にカーブをなめらかにします。

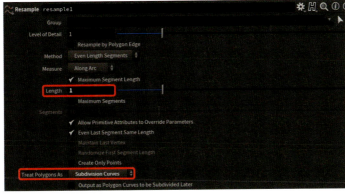

Resample ノードのパラメータ

3-3 カーブに情報を付加する

曲線のままではレンダリングなどに向かないので、このカーブに厚みをつけていきます。厚みをつけるにあたって、ただのチューブだとつまらないので、今回はデフォルメされた魚のような見た目にします。その際に、ポイントの位置に応じてサイン波を使って、パイプの断面半径を決定したいと思います。まずはそれに必要な情報を作ります。

`Primitive Wrangle ノード` 1つ目のインプットと Resample ノードをつなげ、次のようにコードを記述します。

《Primitive Wrangleノードのコード》

```
// ボイドの大きさを表すパラメータ値を読み込む
float boidsize = chf("boid_size");

// プリミティブ (エージェントを示すカーブ) を構成するポイントのリストを取得する
int pts[] = primpoints(0, @primnum);
// リストに入っているポイントの数だけループを回す
for(int i=0; i<len(pts); i++){
    int pt = pts[i]; // 個々のポイントの番号を取得する

    // カーブのポイントの位置に応じて色付けのためのアトリビュートを格納する
    float fitval = fit(i, 0, len(pts)-1, 0, 1.0); // ポイントの順番を0~1の範囲にリマップすしてfitval変数に入れる
    setpointattrib(0, "col", pt, fitval); // ポイントのcolというアトリビュートに0~1にリマップした順番の値を格納する

    // カーブのポイントの位置に応じてスケールのアトリビュートを格納する
    float pscaleval = fit(fitval, 0, 1.0, 0, $PI); // 0~1にリマップされたポイントの順番をさらに0~πの範囲にリマップする
    pscaleval = sin(pscaleval) * (1.0 - sin(pscaleval * 0.5)) * boidsize; // サイン関数を使って山形になるようにボイドの曲線の各ポイントのためのスケール値を作る
    setpointattrib(0, "pscale", pt, pscaleval); // ボイドの曲線の各ポイントに、pscaleアトリビュートとしてたった今作ったスケール値を格納する
```

chf 関数で定義した boid_size のエクスプレッションは以下のように設定しておきます。

boid_size: `ch("../CONTROLLER/boid_size")`

Primitive Wrangle ノードのパラメータ

ここでは、基本的にはカーブの始点と終点の大きさが0になるようにサイン波で山形の波を作り、それを利用してカーブを構成する各ポイントの pscale を設定しています。また、後ほど色づけに利用する「col」という名前のアトリビュートを 0～1 の範囲で作っておきます。

3-4 カーブに厚みを与える

厚みの情報を各ポイントに格納できたところで、今度は実際に厚みを与えます。

`PolyWire ノード`　ポイントの pscale アトリビュートを使って断面半径をコントロールできるように、Wire Radius のパラメータに次のようにエクスプレッションを記述します。

Wire Radius: `point("../" + opinput(".", 0), $PT, "pscale", 0)`

Polywire ノードのパラメータ

`Normal ノード`　この段階だと出来上がったジオメトリの法線方向がおかしいので、このノードと PolyWire ノードとつなげることで、法線方向を整えます。

3-5 ボイドに色をつける

最後に、ボイドの先端がわかるように、出来上がったジオメトリに色をつけます。

`color ノード`　パラメータを次のように設定して、ポイントの「col」というアトリビュートに応じてランプで色を設定できるようにします。パラメータの Attribute Ramp は自由に配色してください。

Color ノードのパラメータ

220　Chapter 3　レシピ編

`Null ノード` 最後に、「FINAL」という名前をつけて、Colorノードにつなげて完成です。

これまでのレシピのなかでは、一番動きに特化したものとなっています。このアルゴリズムは汎用性が非常に高いので、設定したパラメータを変える以外にも、ぜひ新たなタイプのボイドを追加してみたり、障害物をを追加してそれを避けさせたりなど、様々なことを試してもらえればと思います。

13

Frost
霜

雪国のような寒い地域でよく見られる気候現象の1つに霜があります。霜とは、物体の表面が 0℃以下のときに、空気中の水蒸気が昇華して氷の結晶として堆積したときの結晶、あるいはこの現象自体のことを言います。霜が作られる表面の形状や水分量、気温や湿気などに左右されて様々な表情を見せてくれますが、その結晶のなかには、人の目から見ると規則性が感じられるものも少なくありません。例えば窓ガラスに付着した霜は、背後が透明なため形状をクリアに観察することができ、そこから結晶の成長過程を見てとることができます。

この章では、この「窓霜」と呼ばれる窓に付着した霜に注目し、その作られ方のアルゴリズムを扱います。実際のレシピでは、そのアルゴリズムを使って3次元形状の物体の上に霜を降ろすことができるようにしてみたいと思います。

Frostのアルゴリズム

☀ 窓霜の特徴

窓霜は、ガラスの片面（建物の外など）が非常に冷たい空気にさらされ、もう片方の面（建物の中など）が湿気のある暖かい空気に触れたときに生まれやすい現象です。窓霜の形状にはフラクタルな構造を確認することができ、ある規則によって結晶が成長していく様を想像することができます。

窓霜［★1］

この霜の作り方に関して、すでにアントン・グラボブスキー（Anton Grabovskiy）という人が、非常に現実に近い形の霜を作るアルゴリズムをインターネット動画で公開しています。彼のアルゴリズムは2次元上の平面に限定されているので、ここではそれをベースに3次元に拡張していきたいと思います。

実際にアルゴリズムを作る前に、まずは彼が自身のアルゴリズムを考えるにあたって注目した霜の特徴を見てみたいと思います。自然を観測した結果、それをどうコンピュータがわかる形にルール化するかを考えるのは非常に面白くて楽しいところです。彼は霜の特徴として次のようなものを挙げて、それを満たすようなアルゴリズムを考えました［★2］。

- ◎ 起点がある
- ◎ 成長して枝葉が伸びていく
- ◎ シダ葉状のフラクタル形状
- ◎ 起点から育つメインの幹となる枝と、そのメインの枝から分岐して生えるサブの枝の2種類から成り立っている
- ◎ サブの枝の形状にはいくつか異なるタイプがある
- ◎ 成長の過程で、先端が他の霜にぶつかりそうになると成長を止める
- ◎ 成長の過程で、霜の先端をきっかけにして新たな霜が生まれることがある

[★1] ©2007 Helen Filatova, CC BY-SA 3.0 (https://creativecommons.org/licenses/by-sa/3.0)
[★2] Anton Grabovskiy, "Houdini frost solver base algorithm," https://vimeo.com/141890771

✳ 霜の成長のアルゴリズム

まずは、先ほどの特徴を踏まえた、霜の骨格を作る上でベースとなる成長アルゴリズムを説明します。それは以下のようなものです。

 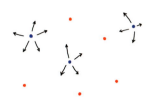

1. 任意の物体の面上に、霜の核となるポイントを複数個配置する
2. 配置した核から、最初に霜を成長し始める核を数個選ぶ
3. 核からメインの幹となる枝を放射状に伸ばす

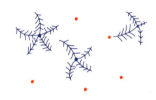 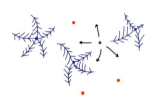 

4. メインの枝を伸ばすと同時に、メインの枝からサブの枝を伸ばす
5. 枝がまだ成長を開始していない核に近くと、その核から霜の成長が始まる
6. 枝が他の枝とぶつかりそうになったら成長を止める

このベースの成長アルゴリズムを基に、さらにディテールをつめることで霜の解像度を高めていきます。

✳ 霜の成長の方向のコントロール

先に説明したアルゴリズムのステップ3で、核のポイントから放射状に枝が伸びると述べましたが、このときの伸ばし方が直線的だとあまり自然に見えません。実際の霜を観察してみると、まっすぐなものもあれば、曲がりながら枝を成長させているものもあります。そんな状態を再現するために、次のようなアルゴリズムを考えます。

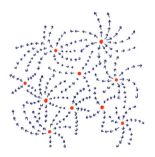 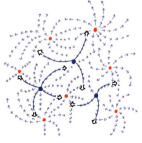

1. 核となるポイントから、放射状かつ渦を巻くようなベクトル場を物体の表面上に作る
2. そのベクトル場に沿って枝が成長するように設定する

✳ 霜のサブの枝の形状

シダの葉状の霜の形状を観察してみると、メインの枝から伸びているサブの枝には、次の4つに大きく分類できそうな形があることが確認できます。

右側が長いタイプ

左側が長いタイプ

左側が長いタイプ

両側に枝が
シンメトリーに伸びるタイプ

今回のレシピではランダムにサブの枝の種類を決定しますが、実際には、核からメインの枝の成長が始まるタイミングでどの分類に属すのかが決まるようです。

レシピ編では、以上のようなアルゴリズムをベースに、3次元空間上の任意の物体に霜を這わせる方法を説明します。

Frost のレシピ

このレシピでは、球体の上に霜を走らせるシミュレーションを作ります。また霜の形状の作り方もこだわっていきたいと思います。このレシピは計算することが多く、本書のレシピのなかでも比較的複雑な内容になります。ですが、その分生成される結果も面白いので、ぜひ試してみてもらいたいと思います。ここではあえて球体を選んでいますが、どのような形状でも霜を走らせられるような構成になっているので、構成を理解したら別の形状で試してみてください。

ネットワーク図

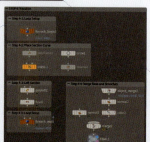

Step 1 霜の初期設定を行う

Step 2 霜を成長させる

Step 3 霜の枝に情報を付加する

Step 4 霜を可視化する

メインパラメータ

名前	タイプ	範囲	デフォルト値	説明
radius	Float	0 – 10	5	霜を走らせる球体の半径
src_pt_num	Integer	0 – 100	70	霜の開始点の数
src_pt_threshold	Float	0 – 1	0.1	初期フレーム時に使われる霜の開始点の割合
src_pt_seed	Float	0 – 10	4.91	初期フレーム時に使われる霜のランダムシード
ref_pt_num	Integer	0 – 100000	30000	参照ポイントの数
branch_variance	Float	0 – 1	0.512	メインの枝分かれ数の閾値
branch_step	Float	0 – 1	0.157	枝の成長速度
branch_seed	Float	0 – 10	5.01	メインの枝分かれ数のランダムシード
search_rad	Float	0 – 1	0.5	開始点から他の霜を探すための半径
subbranch_pt_ang	Float	0 – 90	15	ポイントに応じたランダムな角度の最大値
subbranch_prim_ang	Float	0 – 90	60	プリミティブに応じたランダムな角度の最大値
branch_thickness	Float	0 – 1	0.35	霜の厚さ
branch_min_scale	Float	0 – 1	0.3	霜の厚さの最小スケール値

Step 1

1-1 霜を走らせる球体を作る

まずは霜を走らせるベースの形状を作りましょう。

Sphere ノード　Uniform Scale はメインパラメータとリンクさせ、またその他のパラメータも以下のように設定して球体を作ります。

Uniform Scale: `ch("../CONTROLLER/radius")`

Sphere ノードのパラメータ

Null ノード　「BASE_GEO」という名前をつけて、Sphere ノードとつないでおきます。

1-2 霜のベースポイントを作る

次は、球体の上に霜の核となるポイントを作ります。

Scatter ノード　Null ノード「BASE_GEO」とつなげて、Force Total Count をメインパラメータとリンクさせてポイントを作ります。

Force Total Count: `ch("../CONTROLLER/src_pt_num")`

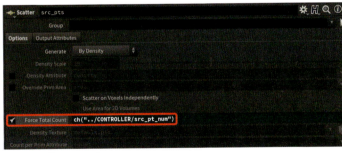

Sphere ノードのパラメータ

ポイントを作ったら、最初のフレームから成長させる霜の核を決定します。

Point Wrangle ノード　1つ目のインプットと Scatter ノードをつなぎ、次のように VEX コードを記述していきます。

まず、CONTROLLER で設定した各種のパラメータを読み込みます。

《Point Wrangle ノードのコード》

```
// 初期フレーム時に使われる霜の開始点の割合を表すパラメータ値を読み込む
float threshold = chf("threshold");
// 初期フレーム時に使われる霜のランダムシードを表すパラメータ値を読み込む
```

```
float seed = chf("seed");
```

threshold: `ch("../CONTROLLER/src_pt_threshold")`
seed: `ch("../CONTROLLER/src_pt_seed")`

Sphere ノードのパラメータ

いくつかのポイントに開始フラグを設定します。なお、以下で行うことは、アルゴリズムの項で紹介した霜の成長アルゴリズムの2の行程に対応します。

```
......
//  パラメータで指定した閾値よりもランダムな値が小さかった場合
if(rand(@ptnum + seed) < threshold){
    //  ポイントにstartというグループを設定する
    setpointgroup(0, "start", @ptnum, 1);
}
```

ここでは、ランダムにポイントをピックアップし、霜の核に start というグループを設定しています。それらが最初のフレームから成長させる霜の核となります。

1-3 参照ポイントを作る

霜を成長させるにあたって必要な参照ポイントを球体の上に作ります。核を作ったときと同じように、Scatter ノードを配置します。

Scatter ノード　Step 1-1 で作った Null ノード「BASE_GEO」につなげ、Force Total Count をメインパラメータとリンクさせます。

Force Total Count: `ch("../CONTROLLER/ref_pt_num")`

Scatter ノードのパラメータ

ポイントの位置における球体の法線方向も作っておきます。

Ray ノード　1つ目のインプットに Scatter ノードをつなげ、2つ目のインプットに Step 1-1 の Null ノード「BASE_GEO」をつなげます。パラメータを次のように設定し、ポイントを球体に最短距離で投影させて、投影した位置での球体の法線情報がポイントの法線情報として格納されるようにします。

Ray ノードのパラメータ

1-4 ベクトル場を作る

次に、霜が成長していく方向のガイドとなるベクトル場を、参照ポイントをベースに作ります。

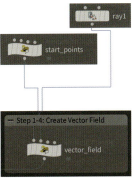

`Point Wrangle ノード` 1つ目のインプットに Step 1-3 の Ray ノードをつなげ、2つ目のインプットに Step 1-2 の Point Wrangle ノードをつなげます。そして次のように VEX コードを書いていきます。

まず、各種のパラメータを読み込みます。

《Point Wrangle ノードのコード》

```
// ノイズ関数に利用するパラメータ値を読み込む
float smoothness = chf("smoothness");
// ベクトル場を回転する際の最大角度を表すパラメータ値を読み込む
float max_ang = chf("max_ang");
```

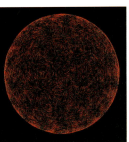

Point Wrangle ノードのパラメータ

レファレンスの点と、その点から一番近い開始候補点を結ぶベクトルを取得します。

```
......
// 参照ポイントの位置と一番近い位置にあるポイントを、2つ目のインプットにつながった
// 霜の核のポイント群から探し出し、そのポイントの番号をnptという変数に入れる
int npt = nearpoint(1, @P);
// 参照ポイントの一番近くにある霜の核のポイントの位置を取得する
vector npos = point(1, "P", npt);
// 核のポイントから参照ポイントに向かうベクトルを大きさ1で作る
vector dir = normalize(@P - npos);
......
```

次に、ノイズ関数を使って、核の位置から放射状に広がる回転したベクトルを作ります。

```
......
// ノイズ関数を利用して、ベクトル場を回転するための角度を作る
float angle = radians(anoise(@P * smoothness) * max_ang);
// ベクトルを回転するための四元数（クォーターニオン）を作る
vector4 rot = quaternion(angle, @N);
```

```
// 作った四元数を利用して、dirのベクトルを回転させる
dir = qrotate(rot, dir);

// 参照ポイントのdirというアトリビュートにいましがた作ったベクトルを格納する
v@dir = normalize(dir);
```

1-5　ベクトル場を霜の核のポイントにマップする

霜の核のポイントには現状何のアトリビュートも格納されていない状態なので、法線方向と霜の成長する方向を示す dir アトリビュートがある参照ポイントから、アトリビュートをコピーします。

Attribute Transfer ノード　Point のパラメータに「dir N」と設定して、アトリビュートの N（法線）と dir を参照ポイントから核のポイントへコピーします。

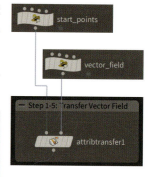

Attribute Transfer ノードのパラメータ

1-6　ベースポイントに情報を付加する

次に、核のポイントに、霜を成長させるにあたって必要なグループを追加していきます。このグループによって、ポイントが今どの状態にあるかを判定できるようにします。

Point Wrangle ノード　1つ目のインプットに Attribute Transfer ノードをつなげて、次のように VEX コードを記述します。

《Point Wrangle ノード（init_points）のコード》
```
// 初期値として必要なグループと数値をプリミティブに設定する
setpointgroup(0, "base", @ptnum, 1);
setpointgroup(0, "end", @ptnum, 0);
setpointgroup(0, "fork", @ptnum, 0);
setpointgroup(0, "fend", @ptnum, 0);
f@len = 0; // 核のポイントのlenという霜の長さを表すアトリビュートの値を0に設定する
```

ここでは以下のグループを設定しています。
base：そのポイントが核であることを示すグループ。
end：そのポイントがメインの霜の枝の終点であることを示すグループ。
fork：そのポイントがサブの霜の枝の始点であることを示すグループ。
fend：そのポイントがサブの霜の枝の終点であることを示すグループ。

また、プリミティブにも空のアトリビュートをいくつか追加するために、もう1つの Point Wrangle ノードに以下のコードも記述します。なお、この時点ではまだプリミティブは存在していないので、あくまでアトリビュート欄だけ作られます。

《Point Wrangleノード（init_prims）のコード》
```
// 初期値として必要な値をポイントに設定する
i@gen = 0;    // メインの霜であるか、サブの霜の枝であるかを示すgenというアトリビュートを作る
i@side = 0;   // サブの霜の枝が、メインの霜の左側か右側かを示すsideというアトリビュートを作る
i@parent = 0; // サブの霜の開始点の番号を示すparentというアトリビュートを作る
@Cd = {1, 1, 1}; // 色のアトリビュートのデフォルトを白色で設定する
```

以上で、霜のシミュレーションを開始する際に必要な初期設定ができました。これらの情報を使って、今度は実際にシミュレーションに入っていきます。

Step 2

このレシピでは、霜が徐々に成長していく様をアニメーションとして表現するためにソルバーを自作します。そのために、まずは必要なインプットを用意しておきます。

Object Merge ノード　Object 1 のパラメータを次のように設定し、「BASE_GEO」という名前の Null ノードを呼び出せるようにしておきます。これはベースの球体のジオメトリとなります。

Object 1: `/obj/geo1/BASE_GEO`:

Object Merge ノードのパラメータ

Solver ノード　1つ目のインプットには Step1-6 で作った Primitive Wrangle を、2つ目のインプットには Point Wrangle ノードを、そして 3つ目のインプットには Object Merge ノードをつなげます。つなげたら、Solver ノードをダブルクリックしてソルバーネットワークに入ります。このネットワークのなかで、霜の成長のシミュレーションを記述していきます。

2-1 ベースポイントを霜の開始点に変換する

まずやることは、霜のメインの枝が成長を始めるポイントを決めることです。そのために、base グループに入っていないポイントを取得します。

Delete ノード　Prev_Frame ノードとつなげて、パラメータを次のように設定します。Delete ノードの Group パラメータは「base」と設定し、base のグループに入っているポイント以外が残るようにします。

Delete ノードのパラメータ

その上で、Point Wrangle ノードで霜の成長の開始ポイントを設定します。

Point Wrangle ノード　こちらもパラメータの Group に「base」と設定し、base のグループに入っているポイントのみにコードの内容が走るようにします。1 つ目のインプットには「Prev_Frame」という名前のノードを、2 つ目のインプットには Delete ノードをつなげて、VEX コードを記述します。

Point Wrangle ノードのパラメータ

《Point Wrangle ノードのコード》
```
// 開始点から他の霜を探すための半径を表すパラメータ値を読み込む
float rad = chf("rad");

// 開始点の位置からradの値を使って霜を構成するポイントを検索する
int handle = pcopen(1, "P", @P, rad, 1);
// 検索に1つでも霜のポイントが引っかかった場合（開始点の近くに霜のポイントがあった場合）
if(pciterate(handle)){
    // 開始点にstartのグループを設定し、このポイントから霜が成長し始められるようにする
    setpointgroup(0, "start", @ptnum, 1);
}
```

chf 関数で定義した rad のエクスプレッションは以下のように記述しておきます。

rad: ch("../../../../CONTROLLER/search_rad")

Point Wrangle ノードのパラメータ

ここで行ったことは、アルゴリズムの項で紹介した霜の成長アルゴリズムの 5 の行程に対応しています。

2-2　開始点からメインの枝のベースを作る

次に、start というグループに入っているポイントから、メインの霜の枝のベースを作ります。その際に、先に作ったベクトル場が設定されている参照ポイントも必要となるので、Object Merge ノードから受け取ります。

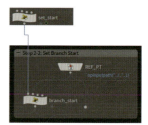

Object Merge ノード　初期状態は「Input_2」という名前ですが、そのままだとわかりづらいので名前を「REF_PT」に変更しておきます。

Object Merge ノードのパラメータ

Point Wrangle ノード パラメータの Group を「start」に設定した上で、1 つ目のインプットに Step 2-1 で作った Point Wrangle ノードを、2 つ目のインプットには先ほど名前を変更した「REF_PT」のノードをつなげます。そして VEX コードを記述していきます。

Point Wrangle ノードのパラメータ

まず、CONTROLLER で設定した各種のパラメータを読み込みます。

《Point Wrangle ノードのコード》

```
// メインの枝分かれ数のランダムシードを表すパラメータ値を読み込む
float seed = chf("seed");
// メインの枝分かれ数の閾値を表すパラメータ値を読み込む
float variance = chf("variance");
// 枝の成長速度を表すパラメータ値を読み込む
float step = chf("step");
……
```

seed: ch("../../../../CONTROLLER/branch_seed")
variance: ch("../../../../CONTROLLER/branch_variance")
step: ch("../../../../CONTROLLER/branch_step")

Point Wrangle ノードのパラメータ

霜の開始点から 6 個以下の枝を作っていきます。なお、以下で行うことはアルゴリズムの項で紹介した霜の成長アルゴリズムの 3 の行程に対応しています。

```
……
// incという名前の整数の変数を作り、0を代入する
int inc = 0;
// incの値が6より小さい限りループを回す
while( inc < 6 ) {
    // もしメインの枝分かれ数の閾値よりもランダムの数値が低かった場合
    if(rand(@ptnum + inc + seed) < variance){
        inc++; // incの値を1繰り上げる
        continue; // この回のループを終わらせ、次のループを実行する
    }

    // incの値に応じて霜の枝の回転角度を作る
    float angle = radians(60 * inc);
    // 回転軸をポイントの法線から作る
    vector axis = @N;
    // 回転に利用するための単位マトリックスを作る
    matrix rot = ident();
    // マトリックスを指定の角度と回転軸で回転し回転行列を作る
    rotate(rot, angle, axis);
    // ポイントに格納されているdirという名前のベクトルを回転行列で回転して作る
    vector dir = v@dir * rot;
    // 開始点からdirの方向に沿って少し移動したポイントの位置を作る
    vector step_vec = @P + dir * step;

    // 移動したポイントの位置の近くにある、2つ目のインプットにつながった参照点の番号を取得する
    int npt = nearpoint(1, step_vec);
```

```
    // 指定の番号の参照点からベクトル場のベクトル情報を取得する
    vector ndir = point(1, "dir", npt);
    // 指定の番号の参照点から法線方向のベクトルを取得する
    vector nnorm = point(1, "N", npt);

    // メインの霜の枝の曲線のベースとなるプリミティブをpolylineとして作る
    int prim = addprim(0, "polyline");
    // ポイントの番号を取得する
    int pt0 = @ptnum;
    // ポイントを移動した位置に新しくポイントを作り、その番号を取得する
    int pt1 = addpoint(0, step_vec);
    // プリミティブにポイントの番号を追加する
    addvertex(0, prim, pt0);
    // プリミティブに新しく作ったポイントの番号を追加する。これにより開始点からラインが生成される
    addvertex(0, prim, pt1);
……
```

また必要なアトリビュートやグループを設定します。

```
……
    // プリミティブのtypeという名前のアトリビュートに0を格納する
    setprimattrib(0, "type", prim, 0);
    // 新しく作ったポイントに、そのポイントが霜の終点であることを示すendというグループを設定する
    setpointgroup(0, "end", pt1, 1);
    // 開始点のdirというアトリビュートを更新する
    setpointattrib(0, "dir", pt0, dir);
    // 新しく作ったポイントの法線方向を参照点から取得した法線方向にアップデートする
    setpointattrib(0, "N", pt1, nnorm);
    // 新しく作ったポイントのdirというアトリビュートに、
    // 参照点から取得したベクトル場のベクトルの値を格納する
    setpointattrib(0, "dir", pt1, ndir);
    // プリミティブにmainという名前のグループを設定する
    setprimgroup(0, "main", prim, 1);

    inc++;  // incの値を1繰り上げる
}
……
```

枝ができた時点で start というグループに入っているポイントからはもう新しく枝が生まれることはないため、start と base のグループを取り除きます。

```
……
// ポイントからbaseという名前のグループを取り除く
setpointgroup(0, "base", @ptnum, 0);
// ポイントからstartという名前のグループを取り除く
setpointgroup(0, "start", @ptnum, 0);
```

2-3 開始点からメインの枝のベースを作る

霜の枝が他の枝を越えて成長しないように、現在ある枝のカーブから障害物となる壁を作ります。

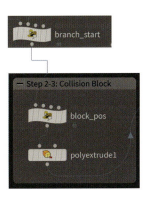

Point Wrangleノード 1つ目のインプットに、Step 2-2で作ったPoint Wrangleノードをつなげます。また次のVEXコードを記述します。

《Point Wrangleノードのコード》
```
// 法線方向と逆の方向にポイントを少しだけ移動する
@P -= @N * 0.25;
```

PolyExtrudeノード 1つ目のインプットと今作ったPoint Wrangleノードをつなげて、Point Wrangleノードで移動した分の2倍の距離で、法線方向にカーブから壁を立ち上げます。これにより、霜の枝が伸びたときにこの壁に当たったかどうかを判定することで、霜の枝の成長をストップさせることができます。

PolyExtrudeノードのパラメータ

2-4 メインの枝を成長させる

それでは、本レシピの中でも重要なメインの枝を伸ばすコードを書いていきます。

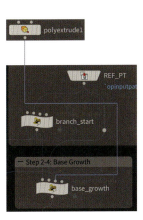

Point Wrangleノード パラメータのGroupを「end」に設定し、メインの枝の終点から枝を拡張していくように設定します。1つ目のインプットにはStep 2-2で作ったPoint Wrangleを、2つ目のインプットには「REF_PT」という名前をつけたObject Mergeノードを、3つ目のインプットにはStep 2-3で作ったPolyExtrudeノードをつなげます。

PolyExtrudeノードのパラメータ

VEXコードでは、まずは枝を成長させるための関数作り、またCONTROLLERで設定した各種のパラメータを読み込みます。

《Point Wrangleノードのコード》
```
// 引数にとして、
// prim (成長させる霜の枝の番号)
// npos (追加するポイントの位置)
// normal (追加するポイントの法線)
```

```
// ndir (追加するポイントの位置におけるベクトル場の値)
// をもつ霜を成長させる関数を作る
void basegrowth(int prim; vector npos, normal, ndir;){
    // nposの位置に新しいポイントを作る
    int pt1 = addpoint(0, npos);
    // primの番号のプリミティブに、pt1という番号のポイントを追加する
    addvertex (0, prim, pt1);

    // pt1の番号のポイントにendという名前のグループを設定する
    setpointgroup(0, "end", pt1, 1);
    // pt1の番号のポイントのNという法線のアトリビュートにnormalを格納する
    setpointattrib(0, "N", pt1, normal);
    // pt1の番号のポイントのdirというアトリビュートにndirを格納する
    setpointattrib(0, "dir", pt1, ndir);
}

// 枝の成長速度を表すパラメータ値を読み込む
float step = chf("step");
// 霜の枝の最大長さを表すパラメータ値を読み込む
float maxlen = chf("maxlen");
// 霜が成長する際の角度に関する平行性の閾値を表すパラメータ値を読みこむ
float dotthresh = chf("dotthresh"); ;
……
```

step: ch("../../../../CONTROLLER/branch_step")

PolyExtrude ノードのパラメータ

枝がこれ以上成長できるかどうかを、step 2-3 で作った壁とぶつかるかどうかで判定します。もしここで枝が壁にぶつかっているようであれば、これ以上成長すると枝同士がクロスしてしまうので成長を止め、もし壁にぶつからなければ枝を伸ばします。

```
……
// rvとruvという2つのベクトルを作る
vector rp, ruv;
// 霜を仮に成長させたときに、3つ目のインプットにつなげた霜の壁とぶつかるかどうかを
// intersect関数を使って確かめる
int ray = intersect(2, @P + v@dir * step * 0.1, v@dir * step * 3, rp, ruv);

// intersect関数の結果が-1の場合 (霜の壁とぶつからなかった場合)
if( ray == -1 ){
    // まず霜を成長させる際の霜の新しいポイントの位置を作る
    vector npos = @P + v@dir * step * fit01(rand(@ptnum), 0.2 , 1.0);

    // 新しく作るポイントの方向ベクトルを作る
    int npt = nearpoint(1, npos); // 新しいポイントの位置に近い位置にある2つ目のインプットの参照点の番号を取得する
    vector ndir = point(1, "dir", npt); // たった今取得した参照点のdirというアトリビュートを取得し、霜の成長方向として利用するベクトルの変数ndirに代入する
```

```
    // 霜を成長させるのに利用したポイントに属しているプリミティブの番号を取得する
    int prim = pointprims(0, @ptnum)[0];
    // 指定のプリミティブのlenという名前の長さ情報が入ったアトリビュートを取得する
    float len = prim(0, "len", prim);

    // もし参照点から得たベクトル場の値ndirと、
    // 霜のポイントのベクトル場のアトリビュートdirの値の内積が、
    // パラメータから読み込んだ平行性の閾値よりも小さい場合（平行性が保たれていない場合）
    // かつ、霜の長さがパラメータで読み込んだ霜の最大長よりも小さい場合
    if(dot(v@dir, ndir) < dotthresh && len < maxlen){
        // 霜の成長方向として利用するベクトルndirを、
        // 霜のポイントのベクトル場のアトリビュートの値で上書きする
        ndir = v@dir;
    }

    // 関数を使って新しく枝のポイントを追加する
    basegrowth(prim, npos, @N, ndir);
}

// 最後に、霜の成長に利用したポイントから霜の終点であることを示すendというグループを外す
setpointgroup(0, "end", @ptnum, 0);
```

このときに注意すべきことがあります。参照ポイントに格納されているベクトルdirは、Step 1-4で説明したように、枝の成長し始めは核から放射状に伸びていくのですが、ある程度伸びたときに、枝の終点から近いポイントが枝の始点ではない可能性があります。もしそうであれば、参照ポイントから得られるベクトルdirはそれまで伸びてきた方向とはまったく反対の方向を示す可能性があります。そしてそのベクトルdirをそのまま枝の終点に格納してしまうと、次のフレームで枝が成長する際にまったく脈略もない方向に成長してしまい、ジグザグした非常に不自然な霜の形状になってしまう可能性があります。それを避けるために、枝が最後に進んだ方向と参照ポイントから得たベクトルdirの内積を取ることで、その値が指定した閾値よりも低いとき（つまり平行性がないと判断されたとき）は、枝が成長する際に最後に進んだ方向をそのまま枝の終点のdirに格納します。それにより、ある程度枝がベクトル場に沿って成長したら、その後はまっすぐ枝が伸びるようになります。

2-5 参照ポイントを作る

枝を構成するポイントごとに、枝の終点からの距離を格納します。これは後ほど作るサブの枝の成長具合を制限するためなどに利用します。

Primitive Wrangleノード 1つ目のインプットにPoint Wrangleノードをつなげ、次のようにコードを記述します。

《Primitive Wrangleノードのコード》

```
// 霜の枝のプリミティブの頂点（バーテックス）の数を取得する
int npts = primvertexcount(0, @primnum);
// lenという浮動小数点数の変数を作り、0を代入する
float len = 0;

// ポイントごとに枝の終点からの枝の長さを格納する
```

13 Frost 239

```
for( int i = npts - 1; i>=0; i--){  // プリミティブの頂点の数だけループを回す
    if( i < npts -1){ // プリミティブの終点にあたる頂点を除く
        // プリミティブのi番目の頂点のポイントの番号を取得し、curptという名前の変数に代入する
        int curpt = vertexpoint(0, vertexindex(0, @primnum, i));
        // プリミティブのi+1番目の頂点のポイントの番号を取得し、
        // prevptという名前の変数に代入する
        int prevpt = vertexpoint(0, vertexindex(0, @primnum, i + 1));
        // curptのポイントの位置を取得する
        vector curpos = point(0, "P", curpt);
        // prevptのポイントの位置を取得する
        vector prevpos = point(0, "P", prevpt);

        // curposとprevposの間の距離を測り、lenという変数に足し合わせる
        len += distance(curpos, prevpos);
        // 測った距離をcurptのポイントのlenという名前のアトリビュートに格納する
        setpointattrib(0, "len", curpt, len);
    }
}
```

2-6 サブの枝のベースを作る

次に、メインの霜の枝から派生するサブの枝のベースを作っていきます。メインの枝ごとに作るので、Primitive Wrangle ノードを使用します。

Primitive Wrangle ノード パラメータの Group を「@gen==0」と設定し、メインの枝のプリミティブのみにコードが走るように設定します。1つ目のインプットに Step 2-5 で作った Primitive Wrangle ノードとつなげ、VEX コードを記述します。

PolyExtrude ノードのパラメータ

少し長いコードになりますが、ここでやりたいことは、アルゴリズムの項で説明した霜のサブの枝の形状の種類をランダムに決定し、それに沿ってサブの枝のベースをメインの枝のポイントから作ることです。枝の作り方の基本は、Step 2-2 でのメインの枝の作り方を踏襲しており、その上で枝の種類に応じて最初の枝の方向や色などを決めています。それに加えて、枝の種類を示す type というアトリビュートや、サブの枝の開始点を示す parent というアトリビュートを加えています。

まず、サブの枝の種類を決めて作り始める関数を準備していきます。

《Primitive Wrangleノードのコード》

```
// 引数として、
// pos (サブの霜の枝の開始点の位置)
// axis (サブの霜の枝を回転する回転軸)
// dir (メインの霜が進む方向)
// color (色)
// choice (サブの枝のタイプ)
// primnum (メインの霜の枝の番号)
// npt (メインの霜のポイントの番号) を持つ関数を作る
void fork ( vector pos, axis, dir, color; int choice, primnum, npt;)
{

    // 枝の成長速度を表すパラメータ値を読み込む
    float step = chf("step");
    // サブの霜の枝の角度調整用のパラメータ値を読み込む
    float angexp = chf("angexp");
    // メインの霜のポイントの番号に応じた、サブの霜の枝の角度調整用のパラメータ値を読み込む
    float ptoffangle = chf("ptoffangle");
    // メインの霜のプリミティブの番号に応じた、サブの霜の枝の角度調整用のパラメータ値を読み込む
    float primoffangle = chf("primoffangle");
    // ランダムのシード値となるパラメータ値を読み込む
    float seed = chf("seed");

    // メインの霜のプリミティブの番号をシードに、サブの霜の枝の角度調整用のランダムな角度を作る
    float scaleprim = pow(rand(primnum), angexp) * primoffangle;
    // メインの霜のポイントの番号をシードに、サブの霜の枝の角度調整用のランダムな角度を作る
    float scalepoint = fit01(rand(npt), -1, 1) * ptoffangle;
......
```

メインの枝の左右にサブの枝を2本作ります。

```
......
    for(int i=0; i<2; i++){ // 2回のループを回す
        int side_mult = 0 ; // サブの枝の回転角のための係数を作る
        if(i == 0){ // 1回目のループ処理のときという条件を作る
            side_mult = 1; // 条件を満たす場合は係数に1を代入する
        }else{ // 2回目のループ処理の場合
            side_mult = -1; // 係数に-1を代入する
        }

        // サブの霜の枝の回転のために、まず単位マトリックスを作る
        matrix rot = ident();
        // メインの霜のポイントとプリミティブの番号に応じて作られたランダムな角度の値と
        // 90度の値を足し合わせて、単位マトリックスを回転するための回転角度の値を作る
        float angle = radians(90 + scalepoint + scaleprim);

        // サブの霜の枝のタイプが2以外の場合
        if(choice != 2){
            angle *= side_mult; // 角度に先ほど作った係数をかける
        // もしランダムに作った数値が0.5よりも小さかったら (50%の確率)
        }else if(rand(primnum + 234 + seed) < 0.5){
            angle *= -1; // 角度にマイナス1かける
        }
```

```
// サブの霜の枝のタイプが1の場合
if(choice == 1){
    angle *= -1;  // 角度にマイナス1をかける
// それ以外で、もし霜の枝のタイプが2の場合
}else if(choice == 2){
    angle += $PI * i;  // 角度に、πにiを掛け合わせたものを足し合わせる。
}

// 作った角度を使って、回転マトリックスを作る
rotate(rot, angle, axis);

// メインの霜の成長方向を回転マトリックスをかけて回転し、
// それに成長速度をかけあわせて成長距離を調整する。
// その上で、サブの枝の始点となる位置に足し合わせ、サブの枝の成長先の位置情報を作る
vector npos = pos + (dir * rot) * step;

// サブの枝を追加
int prim = addprim(0, "polyline");  // サブの枝のベースとなるプリミティブを作る
int pt0 = addpoint(0, pos);  // サブの枝の始点の位置にポイントを追加する
int pt1 = addpoint(0, npos);  // サブの枝の成長する先の位置にポイントを追加する
addvertex(0, prim, pt0);  // プリミティブにサブの枝の始点の番号を頂点として登録する
addvertex(0, prim, pt1);  // プリミティブにサブの枝の終点の番号を頂点として登録する

// 各アトリビュートを設定
// 作ったプリミティブのgenという名前の霜が
// メインかサブかを示すアトリビュートに1を格納する
setprimattrib(0, "gen", prim, 1);
// 作ったプリミティブのparentというアトリビュートに、
// サブの枝の起点となるメインの霜のポイントの番号を格納する
setprimattrib(0, "parent", prim, npt);
// 作ったプリミティブのsideというアトリビュートに、枝の左右方向を表すiの値を格納する
setprimattrib(0, "side", prim, i);
// 作ったプリミティブのCdという色のアトリビュートにcolorの値を設定する
setprimattrib(0, "Cd", prim, color);
// 作ったプリミティブのtypeというサブの枝の種類を表すアトリビュートに、
// choiceの変数の値に1を加えた値を格納する
setprimattrib(0, "type", prim, choice + 1);
// サブの枝の始点の法線方向のアトリビュートに引数のaxisの値を格納する
setpointattrib(0, "N", pt0, axis);
// サブの枝の始点のdirという名前のアトリビュートに、
// 作った回転マトリックスで回転させた引数のdirの値を格納する
setpointattrib(0, "dir", pt0, dir * rot);
// サブの枝の終点の法線方向のアトリビュートに引数のaxisの値を格納する。
setpointattrib(0, "N", pt1, axis);
// サブの枝の終点のdirという名前のアトリビュートに
// 作った回転マトリックスで回転させた引数のdirの値を格納する
setpointattrib(0, "dir", pt1, dir * rot);
// 作ったプリミティブをsubというグループに設定する
setprimgroup(0, "sub", prim, 1);
```

```
            // choiceの値が1より大きい、またはchoiceの値は2より小さくてかつ
            // 初回ループ時だった場合、サブの枝の終点に、
            // そのポイントがサブの枝の終点であることを示すfendというグループを設定する
            if (choice > 1 || (choice < 2 && i == 0)) setpointgroup(0, "fend", pt1, 1);
    }
}
......
```

続いて、アルゴリズムの項で説明している霜のサブの枝の形状の種類を決定し、サブの枝の核を作っていきます。

```
......
// ランダム用のシード値のパラメータ値を読み込む
float seed = chf("seed");
// サブの枝のタイプ1のための閾値範囲を表すパラメータ値を読み込む
float range1 = chf("range1");
// サブの枝のタイプ2のための閾値範囲を表すパラメータ値を読み込む
float range2 = chf("range2");
// サブの枝のタイプ3のための閾値範囲を表すパラメータ値を読み込む
float range3 = chf("range3");

// プリミティブのもつ頂点の合計数を取得する
int npts = primvertexcount(0, @primnum);
for(int i=0; i<npts; i++){ // プリミティブの頂点の数だけループを回す
    // プリミティブの頂点に対応するポイントの番号を取得する
    int npt = vertexpoint(0, vertexindex(0, @primnum, i));
    // 頂点に対応するポイントがforkのグループに入っているかどうか（サブの枝の種類がすでに
    // 決定しているかどうか）を確認する。結果が1なら入っていて、0なら入っていないということになる
    int fork = inpointgroup(0, "fork", npt);

    if(fork == 0){ // サブの枝の種類が決まってない場合
        // 頂点に対応するポイントの位置を取得する
        vector pos = point(0, "P", npt);
        // 頂点に対応するポイントの法線方向を取得する
        vector axis = point(0, "N", npt);
        // 頂点に対応するポイントのdirという名前のアトリビュートに格納されたベクトルを取得する
        vector dir = point(0, "dir", npt);

        // サブの枝の種類をランダムに決定する
        float random = rand(@ptnum + seed); // 0〜1の間のランダムな値を作る
        int choice = 0; // choiceという整数の変数を作る

        // ランダムの値がrange1の値以下のとき、choiceを0にする
        if(random < range1) choice = 0;
        // ランダムの値がrange1とrange2の間にある場合、choiceを1にする
        if(random >= range1 && random < range2) choice = 1;
        // ランダムの値がrange2とrange3の間にある場合、choiceを2にする
        if(random >= range2 && random < range3) choice = 2;
        // ランダムの値がrange3の値以上のとき、choiceを3にする
        if(random >= range3) choice = 3;

        // colorという名前の色情報として利用するためのベクトルを作る
```

```
            vector color = {1,1,1};
            // choiceが0のとき (サブの枝の種類がタイプ1、左側のみ成長)
            if(choice == 0){
                color = {1,0,0}; // 赤色を作る
            }
            // choiceが1のとき (サブの枝の種類がタイプ2、右側のみ成長)
            if(choice == 1){
                color = {0,1,0}; // 緑色を作る
            }
            // choiceが2のとき (サブの枝の種類がタイプ3、両側成長)
            if(choice == 2){
                color = {0,0,1}; // 青色を作る
            }
            // choiceが3のとき (サブの枝の種類がタイプ3、シンメトリカルに成長)
            if(choice == 3){
                color = {1,1,0}; // 黄色を作る
            }

            // サブの枝のベースを作る関数を呼び出す
            fork(pos, axis, dir, color, choice, @prim, npt);

            // プリミティブの頂点に対応するポイントに
            // forkというサブの枝の始点であることを示すグループを設定する
            setpointgroup(0, "fork", npt, 1);
        }
    }
```

なお、chf関数で定義した変数はプロモートし、エクスプレッションを以下のように設定しておきます。

step: `ch("../../../../CONTROLLER/branch_step")`
ptoffangle: `ch("../../../../CONTROLLER/subbranch_pt_ang")`
primoffangle `ch("../../../../CONTROLLER/subbranch_prim_ang")`

PolyExtrudeノードのパラメータ

2-7 すべての枝から壁を作る

霜のサブの枝のベースができたら、この状態からStep2-3と全く同じ手順で、すべての枝のカーブから壁を立ち上げます。

Point Wrangleノード 1つ目のインプットにStep 2-6で作ったPrimitive Wrangleをつなぎ、次のようにコードを記述します。

《Point Wrangleノードのコード》
```
// 法線方向と逆の方向にポイントを少しだけ移動する
@P -= @N * 0.25;
```

PolyExtrudeノード 1つ目のインプットとたった今作ったPoint Wrangleノー

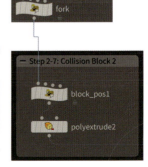

ドとをつなげて、パラメータを次のように設定し、壁を作ります。なお、Distance は 0.5 に設定しておきます。

PolyExtrude ノードのパラメータ

2-8 サブの枝を成長させる

いよいよサブの枝も成長させます。

Point Wrangle ノード　パラメータの Group に「fend」と設定し、サブの枝の終点であることを示す「fend」というグループに入っているポイントのみにコードが走るように設定します。その上で、コードを次のように記述します。

まず、各種のパラメータを読み込みます。

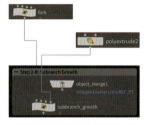

《Point Wrangle ノードのコード》
```
// 枝の成長速度を表すパラメータ値を読み込む
float step = chf("step");
// 枝をランダムに回転する際の最大角度を表すパラメータ値を読み込む
float angle = chf("angle");
// メインの枝に対するサブの枝の最大長さ比率を表すパラメータ値を読み込む
float maxlen = chf("maxlen");
// ランダムシードを表すパラメータ値を読み込む
float seed = chf("seed");
……
```

step: ch("../../../../CONTROLLER/branch_step") * 0.4

Point Wrangle ノードのパラメータ

アルゴリズムの項で紹介した霜の成長アルゴリズムの 4 にあたる枝の成長を記述していきます。

```
……
// intersect関数用のベクトルを2つ作る
vector rp, ruv;
// intersect関数を使って、サブの枝を成長させたときに他の霜の壁にぶつかるかどうかをチェックする
int ray = intersect(2, @P + v@dir * step * 0.1, v@dir * step * 3, rp, ruv);

// insersection関数の結果が-1だったとき（他の霜の枝にぶつからなかったとき）
```

```
if( ray == -1 ){
    // ポイントが属するプリミティブの起点の番号を取得する
    int parent = prim(0, "parent", @primnum);
    // 起点の位置におけるメインの霜の枝の終点からの長さを取得する
    float parentLen = point(0, "len", parent);
    // ポイントが属するサブの枝の長さを取得する
    float len = prim(0, "len", @primnum);

    // parentLenにメインの枝に対するサブの枝の最大長さ比率をかけて、
    // その長さがサブの枝の長さより大きいとき、
    // ランダムな回転角度を作ってベクトル場の方向ベクトルを回転させる
    if(len < parentLen * maxlen){
        // サブの枝の長さを回転するランダムな回転角を作る
        float rnd_angle = radians(angle *  fit01(rand(@primnum * seed), -1, 1));
        // ポイントが属するプリミティブのsideのアトリビュートの値を取得する
        int side = prim(0, "side", @primnum);
        // sideの値が1のとき、回転角に-1かける
        if( side == 1) rnd_angle *= -1;
        // 回転に利用するために、単位マトリックスを作る
        matrix rot = ident();
        // 単位マトリックスをポイントの法線方向を軸に回転角で回転させて、回転マトリックスを作る
        rotate(rot, rnd_angle, @N);
        // ポイントに格納されているdirというベクトルを、回転マトリックスで回転させる
        vector ndir = v@dir * rot;

        // サブの枝を伸ばす
        // 回転されたベクトルに枝の成長速度の値をかけて、
        // ポイントの位置に足してサブの枝の成長先の位置を作る
        vector npos = @P + ndir * step;
        // 作った位置に新しいサブの枝の終点となるポイントを追加する
        int pt = addpoint(0, npos);
        // ポイントが属するプリミティブの番号を取得する
        int prim = pointprims(0, @ptnum)[0];
        // プリミティブに新しく作ったポイントを追加する
        addvertex(0, prim, pt);
......
```

新しく作ったサブの枝のポイントに、アトリビュートやグループを設定していきます。

```
......
        // 新しく作ったポイントに、サブの枝の終点であることを示す
        // fendという名前のグループを設定する
        setpointgroup(0, "fend", pt, 1);
        // 新しく作ったポイントの法線方向にアトリビュートに、成長元のポイントの法線方向を格納する
        setpointattrib(0, "N", pt, @N);
        // 新しく作ったポイントのdirというアトリビュートに、
        // 先ほど回転マトリックスで回転したベクトルを格納する
        setpointattrib(0, "dir", pt, ndir);
        // 成長元のポイントから、サブの終点であることを示すfendという名前のグループを外す
        setpointgroup(0, "fend", @ptnum, 0);
    }
}
```

2-9 枝をベースに投影する

ソルバーネットワークの大詰めとして、最後に作られた枝を整えていきます。

Measure ノード　Measure のパラメータは「Perimeter」、Attribute Name には「len」と設定して、len というアトリビュートに枝のカーブの長さが格納されるようにします。

Measure ノードのパラメータ

次に枝を伸ばす過程で、枝が球体に乗らずに外に出てしまう可能性があるので、この時点ですべての枝を球体に吸着させます。そのために、まずは球体を読み込む必要があります。すでに Solver ノードの3つ目のインプットに球体のジオメトリを入力してあるので、それを「Input_3」という Object Merge ノードから読み込むことができます。

Object Merge ノード　Objedt 1 のパラメータを次のように設定します。また、このままだと名前がわかりづらいので、Object Merge ノードの名前を「Input_3」から「BASE_GEO」に変更しておきます。

Object 1: `` `opinputpath("../..", 2)` ``

Object Merge ノードのパラメータ

Ray ノード　1つ目のインプットに Measure ノードをつなげ、2つ目のインプットに「BASE_GEO」と名前をつけた Object Merge ノードをつなげます。次のようにパラメータを設定し、すべての枝が球体に吸い付くようにし、かつポイントにその吸着した位置での球体の法線情報が格納されるようにします。

Ray ノードのパラメータ

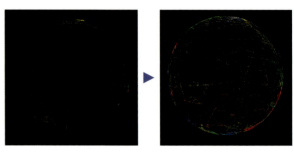

Step 3

3-1 枝をなめらかにする

霜のシミュレーションはできましたが、現状あるのはまだカーブなので、これを霜らしい形状に変換していきます。そのための前ステップとして、枝をポリゴン化するにあたって必要な情報を付加していきたいと思います。

まず、base というグループに入っているポイントはもう必要がないので、削除します。

Delete ノード　Solver ノードとつなげます。Group のパラメータに「base」と記述し、Entity は「Points」にすることで、base というグループに入っているポイントを削除します。

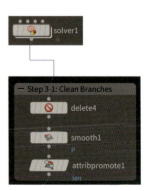

Delete ノードのパラメータ

248　Chapter 3　レシピ編

次に枝をなめらかにしていきます。

Smooth ノード　Smooth ノード、Delete ノードとつなげて、枝の形状をなめらかにします。

Attribute Promote ノード　Smooth ノードとつなげて、Original Name には「len」と記述し、その他のパラメータを次のように設定することで、プリミティブ（枝のカーブ）に格納されている枝の長さを示す len というアトリビュートの最大値をディテールのアトリビュートに格納します。

Delete ノードのパラメータ

3-2　メインの枝の厚さを計算する

次に、たった今ディテールに格納したカーブの長さの最大値を利用し、枝を構成する各ポイントに霜の厚さとなる pscale というアトリビュートを格納します。

Primitive Wrangle ノード　1つ目のインプットと Attribute Promote ノードをつなげて、次のように VEX コードを記述します。

《Primitive Wrangle ノードのパラメータ》

```
// 霜の厚さの最小スケール値を表すパラメータを読み込む
float minscale = chf("min_scale");

// プリミティブに属するポイントのリストを取得する
int pts[] = primpoints(0, @primnum);
// ポイントに格納されたブランチの長さのアトリビュートに応じてpscaleを設定する
for(int i=0; i<len(pts); i++){  // リストの大きさだけループを回す
    // リストの中の個々のポイントの番号を取得する
    int pt = pts[i];
    // 個々のポイントのlenという名前のアトリビュートに格納されている、
    // メインの枝の終点からの長さの値を取得する
    float len = point(0, "len", pt);
    // ディテールアトリビュートから枝の最大の長さを取得する
    float maxlen = detail(0, "len");
    // 枝の長さを最大長さで割り、値を0〜1にリマップしてpscaleという名前の変数に代入する
    float pscale = len / maxlen;
    // pscaleの最小値を0.01にする
    pscale = max(0.01, pscale);
    // たった今作ったpscaleの値と霜の厚さの最小スケール値を比べ、大きい方の値を新しく作った
    // ポイントのpscaleというアトリビュートに格納する。この値が枝の厚さとなる
    setpointattrib(0, "pscale", pt, max(pscale, minscale));
}
```

min_scale のパラメータには以下のように記述します。

min_scale: ch("../CONTROLLER/branch_min_scale")

Primitive Wrangle ノードのパラメータ

ここで注意すべき点としては、len というアトリビュートが利用されているのはメインの霜の枝のみなので、サブの枝に関しては別にスケールを設定する必要があることです。

3-3 サブの枝の厚さを計算する

次に、サブの枝の各ポイントのスケールを設定していきます。そのために、まずメインとサブに枝を分けます。

`Split ノード` パラメータの Group に「sub」と設定することで、1 つ目のアウトプットからサブの枝が、2 つ目のアウトプットからはメインの枝が得られるようになります。

Split ノードのパラメータ

`Primitive Wrangle ノード` 1 つ目のインプットには Split ノードの 1 つ目のアウトプットを、2 つ目のインプットには Split ノードの 2 つ目のアウトプットをつなげて、サブの枝のポイントのスケールを設定していきます。そして、次のような VEX コードを記述します。

《Primitive Wrangle ノードのコード》
```
// サブの枝となる各プリミティブのポイントのリストを取得する
int pts[] = primpoints(0, @primnum);

// リストから1個目のポイント（サブの枝の起点）を取得する
int pt = pts[0];
// 1個目のポイントの位置情報を取得する
vector pos = point(0, "P", pt);
// 1個目のポイントの位置の近くにあるメインの霜に属するポイントを探す
int npt = nearpoint(1, pos);

// 探し出したメインの霜のポイントからpscaleのアトリビュートの値を取得する。
// これがサブの枝の起点のスケール値（厚さの値）となる
float maxpscale = point(1, "pscale", npt);
for(int i=0; i<len(pts); i++){  // サブの枝に属するポイントの数だけループの回す
    // サブの枝の起点から終点に向けて小さくなるような値をスケール値としてつくる
    float pscale = (1.0 - float(i) / float(len(pts)-1)) * maxpscale;
    // 作った値をポイントのpscaleアトリビュートに格納する
    setpointattrib(0, "pscale", pts[i], pscale);
}
```

このコードでは、サブの枝の始点は必ずメインの枝に乗っているという特徴を利用し、サブの枝の始点の pscale を、同じ位置にあるメインの枝のポイントから取得しています。その pscale の値がサブの枝の最大値であるとして、そこからサブの枝の終点に近くにつれて徐々に pscale の値が小さくなっていくように計算し、サブの枝のポイントにその値を設定しています。これで、メインとサブの枝の両方のポイントの pscale がアップデートされました。

`Merge ノード` Primitive Wrangle からのアウトプットと、Split ノードの 2 つ目のアウトプットを Merge ノードにつなげることで、最新の pscale の情報をもったメインとサブの枝を 1 つにまとます。

Step 4

4-1 枝ごとのループのセットアップをする

霜の厚さの準備ができたところで、いよいよ枝に厚みをつけていきます。今回は、霜の枝の立体形状を作るにあたって PolyWire ではなく、断面をつなぎ合わせて形状をつくる Loft を利用するということもあり、ループを利用します。まずは、枝の数だけループを回したいので、For-Each Primitive ノードを配置します。

`For-Each Primitive ノード` 2つのノードのセットが現れるので、「foreach_begin」と書かれた Block Begin ノードを Step 3-3 の Merge ノードとつなげます。

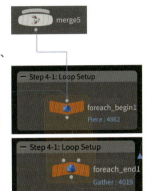

4-2 霜の断面カーブを設定する

ループのセットアップができたら、カーブごとの各ポイントに接線の方向の情報を与えます。

`Polyframe ノード` 「foreach_begin」と名前のついた Block Begin ノードとつなげ、Tangent Name のパラメータを「up」に設定することで、接線の方向のベクトルを up という名前のアトリビュートに格納します。

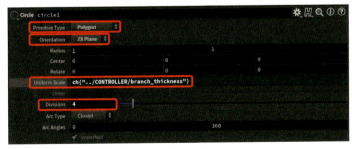

PolyFrame ノードのパラメータ

次に霜の断面形状を作ります。

`Circle ノード` 次のようにパラメータを設定することで、4辺あるポリゴン形状（つまり四角形）にします。なお、Uniform Scale は次のように設定してメインパラメータとリンクさせておきます。

Uniform Scale: `ch("../CONTROLLER/branch_thickness")`

Circle ノードのパラメータ

この Sphere ノードでつくったポリゴンを、便宜上 Reverse ノードを使って面を反転します。

`Reverse ノード`　Circle ノードとつなげます。

`Copy Stamp ノード`　1 つ目のインプットに Reverse ノードを、2 つ目のインプットに PolyFrame ノードをつなげます。すると、ポイントに格納された pscale に合わせてスケールされた断面が、枝の各ポイントの位置に配置されます。

4-3　霜のジオメトリを作る

断面が曲線上に配置できたら、いよいよロフトして連なったポリゴン形状を作ります。

`PolyLoft ノード`　Copy Stamp ノードとつなげます。そうすると、断面を結んだ形状が生成されます。

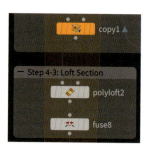

PolyLoft ノードのパラメータ

ループのなかで最後にやることとして、重複した点を 1 つにまとめておきます。

`Fuse ノード`　PolyLoft ノードとつなげて、重複した点をまとめます。

以上で、ループを利用した霜の枝の厚みづけは完了です。

4-4 ベースを霜を組み合わせる

あとは、ベースと霜の枝を組み合わせて完成です。

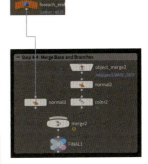

`Normal ノード`　「foreach_end」と名前のついた Block End ノードをつなげて法線方向を整えます。

`Object Merge ノード`　Object 1 のパラメータを次のように設定して、「BASE_GEO」という名前のついたジオメトリ（球体）を読み込みます。

Object 1: `/obj/geo1/BASE_GEO`

Object Merge ノードのパラメータ

`Normal ノード`　Object Merge ノードとつなげることで、この球体の法線情報も整えておきます。

`Color ノード`　たった今作った Normal ノードとつなげ、好きな色を設定してベースの形状（球体）の色を決定します。

Color ノードのパラメータ

`Merge ノード`　霜の枝がアウトプットされる Normal ノードと Color ノードをつなげて、霜とベースの形状を1つにまとめます。

`Null ノード`　「FINAL」という名前に設定し、Merge ノードとつなげたら完成です。

フレーム 1 から再生して、徐々に霜が成長していく様を確認してみてください。この霜の生成のシミュレーションのセットアップ方法は、ベースがどんな形状であっても動くようになっているので、球体ではないベース形状にして霜を走らせてみてください。あとは、CONTROLLER に設定したパラメータを変更することで、実に様々な霜の成長のバリエーションを作り出すことができます。

14
Edge Bundling
エッジ・バンドリング

「納豆」と聞いて何を思い浮かべるでしょうか。もちろん筆者は、あのネバネバの糸を思い浮かべます。納豆が糸を引く様は、日本で育った方なら一度は見たことがあるかと思いますが、よく見ると非常に面白い現象です。納豆の糸はいくつかの細かい繊維の束でできていて、束同士が近づくと結合して1つの大きな束になるという、独特な力学が働いています。このような糸が束になっていく現象を、1990年代はじめにいち早く研究していたのが建築家のフライ・オットー（Frei Otto）でした。彼はシュツットガルト大学の軽量構造研究所で、最適化されたパスのシステム（最短経路探索）の研究と称して、濡れたウールの織り糸を使った実験をしていました。最近では、コンピュータグラフィックスを利用してこの現象を再現する方法がいくつか提案されており、主にグラフの描写に利用されています。そのアルゴリズムのなかには、3次元空間上で糸がくっついて束になる現象を再現できるものがあります。本章ではそのアルゴリズムを紹介し、Houdini上で実装できるようにしたいと思います。

Edge Bundlingのアルゴリズム

✷ エッジ・バンドリングのアルゴリズムの種類

エッジ（繊維、糸、線分など）を束ねることを、「エッジ・バンドリング（Edge Bundling）」と呼びます。そのため、納豆の糸が束になる現象は、このエッジ・バンドリングという名を使って紹介されることが度々あります。または、フライ・オットーのウールの織り糸を使った実験が有名なこともあり、特に建築やグラフィックの業界では、「フライ・オットーのウール織り糸（Frei Otto's wool thread）」と呼ばれることもあります。

エッジ・バンドリングのアルゴリズムに関しては、すでにその再現の仕方に関していくつか論文が発表されています。そのなかでもアルゴリズムが比較的シンプルで再現がしやすいのが、2009年に発表されたダニー・ホールテン（Danny Holten）とヤーク・J・ヴァン・ヴァイク（Jarke J. van Wijk）によって発表された「Force-Directed Edge Bundling for Graph Visualization」と、2012年に発表されたC・ハーター（C. Hurter）、O・エルソイ（O. Ersoy）、A・テレア（A. Telea）による「Graph Bundling by Kernel Density Estimation」という論文です。

それぞれ異なる手法を使って糸を束ねるアルゴリズムの紹介をしているのですが、前者はスプリング（バネ）ベースのシミュレーション手法を紹介していて、力学的なアプローチを使って2次元あるいは3次元空間上でエッジ・バンドリングを再現する方法を解説しています。後者はカーネル密度推定という方法を使っていて、2次元空間上でのエッジの密集具合をベースに密度マップを作り、その密度を谷の勾配と見なして（勾配がきついほどエッジが密集している）エッジを徐々に束ねるシミュレーションを行っています。

2つのアルゴリズムは方法が全く異なりますが、空間を2次元に限定する場合はどちらのアルゴリズムを使っても同じような結果を得ることができます。ただ、後者のカーネル密度推定を使ったエッジ・バンドリングの手法は、3次元に適用することが比較的難しいため、本章では前者のスプリングベースのエッジ・バンドリングの手法を解説したいと思います。

❋ スプリングベースのエッジ・バンドリングのアルゴリズムの流れ

ホールテンとヴァン・ヴァイクの論文では、エッジ・バンドリングは大まかに次のような手順で再現できると説明しています[★1]。

   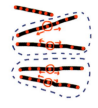

1. 空間上に、線分を複数本配置する
2. それぞれの線分を同じ数だけ細分化する
3. 空間に配置された各線分に対して、引き寄せられて束になる可能性がある（互換性のある）他の線分とのペアを作る
4. 線分を構成する点にバネの力を加える（Fs）

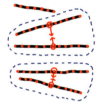 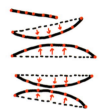 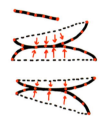

5. 空間上にある線分からペアを作り、それらの点同士が引っ張られるような力を加える（Fe）
6. 線分に加えられた力を使って線分を変形する
7. 4〜6を繰り返す

おおまかな流れとしてはこのような感じですが、比較的リアリティのあるシミュレーションを行うためには、特にステップ3〜5で使用する計算式や加えるべき制限が必要なので、それらを説明していきます。

❋ 互換性に応じたペアの作成

ステップ1〜2で空間に線分を複数配置し、その線分を指定の数で細分化したら（線分を構成する頂点の数を増やし、線分が曲がるようにしたら）、次のステップ4では、各線分と束を作るにあたって互換性のある他の線分を探し出してペアを作る、そしてペアにした線分同士が引き合う力を作り、結果的に線分が束になるようなシミュレーションを作ることができる、というのが先ほどのプロセスでした。

ここでの重要なポイントは、他のすべての線分とペアを作るのではなく、束になる可能性のある線分のみとペアを作るという点です。仮に他のすべての線分とペアを作ってしまった場合、すべての線分が引き合うことで一本の線になってしまうからです。

では、何をもって互換性を計算するかという点ですが、大きく分けて次の4つのポイントがあります。これらのすべての点において互換性を満たしている線分が、最終的にペアとして認められます。

[★1] Danny Holten and Jarke J. van Wijk. 2009. "Force-Directed Edge Bundling for Graph Visualization" Eurographics/ IEEE-VGTC Symposium on Visualization 2009, Volume 28 (2009), Number 3

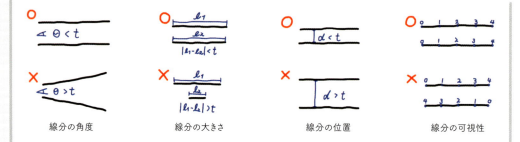

| 線分の角度 | 線分の大きさ | 線分の位置 | 線分の可視性 |

角度のチェックでは、2つの線分がどれだけ平行かを、角度を計算することでチェックします。そして2つの線分の角度が任意の角度以下のときに、それらは角度に関して互換性があるとします。そうすることで、例えば直角など、極端に角度が大きい場合にお互いが引き合わないようにします。

大きさのチェックでは、2つの線分の大きさがどれだけ異なるかをチェックします。もし大きさの差が任意の閾値よりも小さい場合は、それらは大きさに関して互換性があるとします。サイズが異なる線分同士は引き合わせません。

位置のチェックでは、2つの線分がどれだけ離れているかをチェックします。2つの線分の距離が任意の閾値内にあるとき、それらは位置に関して互換性を満たしているとします。あまり離れすぎている線分同士は引き合わせません。

そして最後に、可視性のチェックでは、各線分のそれぞれの始点と終点が、もう一方の線分の始点と終点とどれだけ離れているかをチェックします。この距離が一定の閾値内の場合は互換性があるとします。例えば、1つの線分に対してもう一方の線分が反対の方向を向いている場合など、力を加える行程で不都合が生じやすいものを排除するためにこのチェックを行います。

こうした、互換性を確認する一連の行為は面倒に思うかもしれませんが、この線分をどう解析するかという視点自体は非常に汎用性が高く、本レシピに関わらず色々な場面で使えるでしょう。

✷ 線分に加えるバネの力（Fs）

ペアを作ったら、各線分を構成する各頂点に対してバネの力（引張力）を加えて弾力を持たせます。ここで言うバネの力とは、直線である線分に外的な力を加えて変形させたときに、その線分が直線に戻ろうとする力のことを指します。線分の各頂点に加える力の計算には、次の計算式を使います。

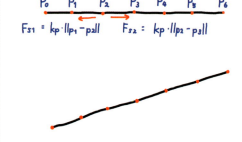

$$F_{s1} = k_p \cdot \| p_1 - p_2 \|$$
$$F_{s2} = k_p \cdot \| p_2 - p_3 \|$$

F_{s1}：エッジの頂点から同じエッジの一方の方向へ引っ張られる力
F_{s2}：エッジの頂点から同じエッジのもう一方の方向へ引っ張られる力
k_p：エッジ P の頂点のためのバネ係数
p_1, p_2, p_3：エッジ P の頂点

☀ 線分に加える引き合う力（Fe）

ステップ 5 にて、各線分の各頂点に対して、ペアである線分から引っ張られる力を加えます。この力によって線分同士が引き合い、その結果として束ができるようになります。ペアの線分に引っ張られる力の計算には、次の計算式を使います。

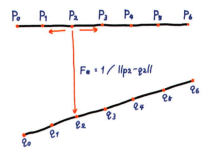

$$F_e = 1/\|p_2 - q_2\|$$

F_e：エッジ P の頂点からペアとなるエッジ Q の
　　　番号が対応する頂点に引っ張られる力
p_2：エッジ P の頂点
q_2：エッジ Q の頂点

☀ 2種類の力を組み合わせた力（Fp）を使って線分を変形

各線分の各頂点に対して加える力が計算できたら、それらを足し合わせて、最終的に各頂点にかかる力を割り出します。各頂点の番号 i での力の組み合わせ方は次のような式で表されます。

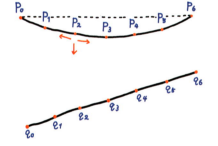

$$F_{pi} = F_{s1i} + F_{s2i} + \sum_{Q \in E} F_{ei}$$
$$= k_p \cdot (\|p_{i-1} - p_i\| + \|p_i - p_{i+1}\|) + \sum_{Q \in E} \frac{1}{\|p_i - q_i\|}$$

F_{pi}：2 つの力（F_s と F_e）を組み合わせた力
k_p：エッジ P の頂点のためのバネ係数
p_i：エッジ P の各頂点
p_{i-1}, p_{i+1}：エッジ P の各頂点の隣の頂点
q_i：エッジ Q の各頂点

これらのステップ 4 〜 6 を時間に応じて何度も繰り返すことでペアになった線分同士が引き合うことになり、徐々に納豆のような線分の束を作ることになります。レシピ編では、Houdini を使ってこの行程を再現したいと思います。

Edge Bundling のレシピ

このレシピでは、納豆の糸のような束になって引き合うワイヤーのシミュレーションを作っていきたいと思います。ワイヤーの配置はある程度コントロールしていますが、異なる配置をしてもシミュレーションはできるので、本レシピでやり方を学んだら好きなワイヤーのセットアップで試してみてください。このワイヤーが引き合うシミュレーションにはスプリングのような力を使っていますが、便宜上の理由からHoudiniの物理演算系の機能は使わずに、VEXコードによって実装していきます。

ネットワーク図

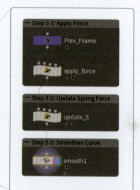

Step 1 ベースのワイヤーを作る

Step 2 エッジ・バンドリングの設定を行う

Step 3 エッジ・バンドリングの計算を行う

Step 4 エッジ・バンドリングを表現する

メインパラメータ

名前	タイプ	範囲	デフォルト値	説明
division	Integer	10 – 1000	150	ワイヤーの数
size	Float	0 – 50	20	全体の大きさ
segments	Integer	0 – 100	29	ワイヤーの分割数
compatibility_thresh	Float	0 – 1	0.85	互換性の閾値
max_pscale	Float	0 – 1	0.7	ポイントの最大スケール値
min_pscale	Float	0 – 1	0.25	ポイントの最小スケール値
spring_strength	Float	0 – 1	0.076	スプリングの強さ
spring_strength_ratio	Float	0 – 1	1	スプリングの強さの保持率
stiffness	Float	0 – 1	0.1	スプリングの剛性

Step 1

1-1 円形を作る

まずはワイヤーを作るにあたって、その始点となる点群を作ります。

Circle ノード 　パラメータを次のように設定して円形のポリゴンを作ります。なお、Uniform Scale と Divisions は、以下のように設定してメインパラメータとリンクさせておきます。

Uniform Scale: `ch("../CONTROLLER/size")`
Divisions: `ch("../CONTROLLER/division")`

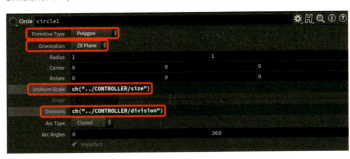

Circle ノードのパラメータ

Delete ノード 　Circle ノードとつなげます。Pattern のパラメータは「*」、Keep Points のチェックボックスはオンにして、ポイントを残してプリミティブを削除します。その結果、円形の外周のポイントだけを得ることができます。

Delete ノードのパラメータ

1-2 霜のベースポイントを作る

次に、ワイヤーの終点となるポイントを作ります。今回は単純に、始点となるポイントを上方向（Y 軸方向）に移動し、ポイントの順番をランダムにすることで、乱雑につながったワイヤー群を作ることにします。

Transform ノード 　Delete ノードとつなげて、Translate のパラメータを次のように設定して Y 方向に任意の値で移動します。

Translate(Y): `ch("../CONTROLLER/size")*3`

Transform ノードのパラメータ

Sort ノード　Transform ノードとつないで、Point Sort のパラメータを「Random」に設定してポイントの順番をランダムにします。

Sort ノードのパラメータ

1-3　2つの円の間に線を作る

次に、上下に配置されたポイント同士を結んでワイヤーを作ります。

Point Wrangle ノード　1つ目のインプットに Delete ノードをつなぎ、2つ目のインプットに Sort ノードをつなげます。そして次のような VEX コードを記述します。

《Point Wrangle ノードのコード》
```
// 2つ目のインプットから1つ目のインプットのポイントの番号に対応する
// 番号のポイントの位置を取得する
vector npos = point(1, "P", @ptnum);
// 取得したポイントの位置に新しくポイントを追加する
int pt = addpoint(0, npos);


// 1つ目のインプットから得たポイントと、
// 新しく作ったポイントの間にラインを引く
int line = addprim(0, "polyline", pt, @ptnum);
```

ラインができたら、変形に対応できるようにラインを細分化します。

Resample ノード　Point Wrangle ノードとつなげて次のようにパラメータを設定し、ラインを任意の分割数で細分化します。なお、segments のパラメータはメインパラメータとリンクさせておきます。
segments: `ch("../CONTROLLER/segments")`

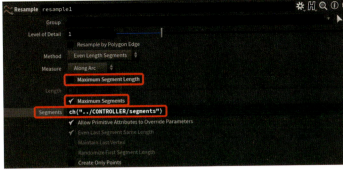

Resample ノードのパラメータ

Step 2

2-1 互換性を計算する

次に、このエッジ・バンドリングのシミュレーションを行うにあたり非常に重要なワイヤー同士の互換性の計算を行います。この計算結果から、互換性のあるワイヤー同士でペアを作るように設定していきます。

Primitive Wrangle ノード 　Resample ノードとつなげて、次のように VEX コードを記述していきます。

まず、ラインに対するポイントの最短投影位置を計算する関数を作ります。

《Primitive Wrangle ノードのコード》

```
// 引数にとして、
// a（ラインの始点の位置）
// b（ラインの終点位置）
// p（投影するポイントの位置）をもつ関数を作る
function vector getclosestpoint(vector a; vector b; vector p)
{
    vector atop = p - a; // aからpに向かうベクトルを作る
    vector atob = b - a; // aからbに向かうベクトルを作る
    float atob2 = pow(length(atob), 2); // atobのベクトルの大きさを2乗する
    float dot = dot(atop, atob); // atopとatobの内積を計算する
    float t = dot / atob2; // 内積の結果をatob2で割る

    // aの値にatobをtで掛けた値を足すことで、
    // aとbを結ぶライン上にpを投影したときの位置情報を得ることができる
    vector closestp = a + atob*t;
    // 投影されたpの位置情報を返す
    return closestp;
}
……
```

14　Edge Bundling　263

以降で、アルゴリズムの項で説明した互換性の計算を行っていきます。まずは各ラインから必要な情報を取得します。

```
……
// 各ラインのプリミティブに属するポイントのリストを取得する
int pts[] = primpoints(0, @primnum);
// ラインの始点であるリストの1個目のポイントの番号を取得する
int ptS = pts[0];
// ラインの終点であるリストの最後のポイントの番号を取得する
int ptE = pts[len(pts)-1];
// ラインの始点の位置を取得する
vector posS = point(0, "P", ptS);
// ラインの終点の位置を取得する
vector posE = point(0, "P", ptE);
// ラインの中点の位置を計算する
vector posM = (posS + posE) * 0.5;
// ラインの長さを測る
float dist = distance(posS, posE);
……
```

そして、アルゴリズムでも説明したとおり、角度、大きさ、位置、視認性の全部で4つの互換性のチェックをしていきます。

```
……
// 自身のラインとペアになりうる他のラインの番号を格納するリストを作る
int prims[] = {}; // primsという名前の空の配列
for(int i=0; i<nprimitives(0); i++){ // ラインの数だけループを回す
    // 現在計算を行なっている対象のラインとi番目のラインが異なる場合
    if(@primnum != i){
        // i番目のラインから必要な情報を取得する
        int npts[] = primpoints(0, i); // ポイントのリストを取得する
        int nptS = npts[0]; // 始点の番号を取得する
        int nptE = npts[len(npts)-1]; // 終点の番号を取得する
        vector nposS = point(0, "P", nptS); // 始点の位置を取得する
        vector nposE = point(0, "P", nptE); // 終点の位置を取得する
        vector nposM = (nposS + nposE) * 0.5; // 中点の位置を取得する
        float ndist = distance(nposS, nposE); // 長さを取得する

        // ・角度の互換性のチェック
        // 比較元のラインと、ループ内で得たi番目のラインの角度を0～1の範囲になるように計算する。
        // 1に近いほど2つのラインは平行性があり、0に近いほど直角の角度に近いことを意味する
        float angle_val = abs(dot(normalize(posE-posS), normalize(nposE-nposS)));

        // ・大きさの互換性のチェック
        // 比較元のラインと、ループ内で得たi番目のラインの長さの平均値を取得する
        float lavg = (dist + ndist) * 0.5;
        // 2つのラインの大きさの差異を0～1の範囲になるように計算する。1に近いほど2つのラインの
        // 長さが近いことを意味し、0に近いほどラインの長さの差が大きくなることを意味する
        float scale_val = 2.0 / (lavg / min(dist, ndist) + max(dist, ndist) / lavg);

        // ・位置の互換性のチェック
        // 2つのラインの中点から、位置がどれだけ離れているかを0～1の範囲になるように計算する。
```

```
        // 値が1に近いほど2つのラインが近いことを意味し、0に近いほど遠いことを意味する
        float pos_val = lavg / (lavg + distance(posM, nposM));

        // ・視認性の互換性のチェック
        // 比較元のラインの始点を、ループ内で得たi番目のラインに投影した時の位置を取得する
        vector iposS = getclosestpoint(nposS, nposE, posS);
        // 比較元のラインの終点を、ループ内で得たi番目のラインに投影した時の位置を取得する
        vector iposE = getclosestpoint(nposS, nposE, posE);
        // 投影されたふたつの比較元のラインのポイントの中点の位置を計算する
        vector iposM = (iposS + iposE) * 0.5;
        // ループ内で得たi番目のラインの始点を、比較元のラインに投影した時の位置を取得する
        vector inposS = getclosestpoint(posS, posE, nposS);
        // ループ内で得たi番目のラインの終点を、比較元のラインに投影した時の位置を取得する
        vector inposE = getclosestpoint(posS, posE, nposE);
        // 投影されたふたつのi番目のラインのポイントの中点を計算する
        vector inposM = (inposS + inposE) * 0.5;
        // posMとinposMの距離からinposSとinposEの距離を割り、2でかけた値を作り、
        // 1の値から引いた値を最小値が0になるように計算する
        float v1 = max(1.0 - 2*(distance(posM, inposM)) / distance(inposS, inposE), 0);
        // nposMとiposMの距離からiposSとiposEの距離を割り、2でかけた値を作り、
        // 1の値から引いた値を最小値が0になるように計算する
        float v2 = max(1.0 - 2*(distance(nposM, iposM)) / distance(iposS, iposE), 0);
        // v1とv2の値で低い方の値を取得する。この値が1に近いほど視認性がよいことを
        // 意味していて、0に近いほど視認性が悪いことを意味している
        float vis_val = min(v1, v2);

        // ・互換性を統合する
        // 4つのすべての互換性の値を掛け合わせた値が、
        // 互換性の閾値として読み込んだパラメータ値よりも大きい場合
        if(angle_val * scale_val * pos_val * vis_val > chf("threshold")){
            // 2のラインは互換性があると判断し、primsの配列に比較元のラインに対して
            // ペアとなるラインの番号iの値を追加していく
            append(prims, i);
        }
    }
}

// 比較元のラインのprimsという整数の配列のアトリビュートに、
// そのラインとペアになるラインの番号のリストを格納する
i[]@prims = prims;
```

threshold のパラメータは、以下のようにメインパラメータとリンクさせておきます。

threshold: ch("../CONTROLLER/compatibility_thresh")

Primitive Wrangle ノードのパラメータ

2-2 ワイヤーの太さを計算する

次に、ワイヤーの表現をするにあたり、ポイントにスケール値を pscale として格納します。

Primitive Wrangle ノード 1 つ目のインプットに Step 2-1 で作った Primitive Wrangle ノードをつなげて、次の VEX コードを記述します。

《Primitive Wrangle ノードのパラメータ》

```
// ポイントの最大スケール値を表すパラメータ値を読み込む
float maxscale = chf("max_scale");
// ポイントの最小スケール値を表すパラメータ値を読み込む
float minscale = chf("min_scale");

// ラインを構成するポイントのリストを取得する
int pts[] = primpoints(0, @primnum);
for(int i=0; i<len(pts); i++){  // リストの中のポイントの数だけループを回す
    // 個々のポイントの番号を取得する
    int pt = pts[i];
    // ポイントの順番を0〜πの範囲にリマップして、angという変数に代入する
    float ang = fit(i, 0, len(pts)-1, 0, $PI);
    // サイン関数とangの値を使い、指定の範囲でスケール値をつくり、pscaleの変数に代入する
    float pscale = fit(sin(ang), 0, 1.0, maxscale, minscale);
    // 得られたスケール値をポイントのpscaleという名前のアトリビュートに格納する
    setpointattrib(0, "pscale", pt, pscale);
}
```

max_scale と min_scale は、次のようにメインパラメータとリンクさせておきます。

max_scale: ch("../CONTROLLER/max_pscale")
min_scale: ch("../CONTROLLER/min_pscale")

Primitive Wrangle ノードのパラメータ

このコードでは、サイン波をベースにして、波状に pscale の値をワイヤーの各ポイントに格納しています。

2-3 スプリングの力を設定する

また、ディテールのアトリビュートにスプリング（引っ張る力）を格納します。

Attribute Wrangle ノード パラメータの Run Over を「Detail (only once)」に設定した上で、VEX コードをセットアップします。

Attribute Wrangle ノードのパラメータ

《Attribute Wrangleノードのコード》
```
// スプリングの強さを表すパラメータ値を読み込み、ディテールのSという名前のアトリビュートに格納する
f@S = chf("S");
// スプリングの強さの保持率を表すパラメータ値を読み込み、
// ディテールのS_rateという名前のアトリビュートに格納する
f@S_rate = chf("S_rate");
```

なお、SとS_rate のパラメータも以下のように設定しておきます。

S: `ch("../CONTROLLER/spring_strength")`
S_rate: `ch("../CONTROLLER/spring_strength_ratio")`

Attribute Wrangle ノードのパラメータ

これで、エッジ・バンドリングのシミュレーションに必要な準備はできました。それではいよいよシミュレーションをしていきます。

Step 3

エッジ・バンドリングも例にもれず、再帰的な計算を必要とするのでソルバーを使うことにします。

`Solver ノード` 1つ目のインプットと Step2-3 で作った Attribute Wrangle ノードとつなぎます。その上で、Solver ノードをダブルクリックしてソルバーネットワークのなかに入り、ここにシミュレーションの内容を記述していきます。

3-1 ワイヤーに力を加えて変形させる

早速、本レシピの中で一番重要なステップであるエッジ・バンドリングの計算を行います。

`Primitive Wrangle ノード` 1つ目のインプットに「Prev_Frame」という名前のノードをつなげ、次のように VEX コードを記述します。

まずはメインパラメータを読み込みます。

《Primitive Wrangleノードのコード》
```
// スプリングの剛性を表すパラメータ値を読み込む
float K = chf("K");
……
```

K: `ch("../../../../CONTROLLER/stiffness")`

Primitive Wrangle ノードのパラメータ

必要なアトリビュートをポイント、プリミティブ、ディテールから取得します。

```
......
// ディテールのアトリビュートからスプリングの強さのアトリビュートの値を読み込む
float S = detail(0, "S");
// プリミティブに格納されているペアとなるラインの番号が入ったリストを取得する
int prims[] = i[]@prims;
// プリミティブを構成するポイントの番号のリストを取得する
int pts[] = primpoints(0, @primnum);
// ポイントの番号のリストの一番最初の番号を取得する。これはラインの始点を意味する
int ptS = pts[0];
// ポイントの番号のリストの最後の番号を取得する。これはラインの終点を意味する
int ptE = pts[len(pts)-1];
// 始点の位置を取得する
vector posS = point(0, "P", ptS);
// 終点の位置を取得する
vector posE = point(0, "P", ptE);
// ラインの長さを測る
float dist = distance(posS, posE);
......
```

アルゴリズムの項で説明した、カーブがラインに戻ろうとする引張力と、引っ張り合う力を作り、ポイントを変形させていきます。

```
......
// カーブを構成するポイントのリストの数を-2した分だけループを回す
for(int n=1; n<len(pts)-1; n++){
    int pt = pts[n]; // n番目のポイントの番号を取得する
    int ptA = pts[n-1]; // n-1番目のポイントの番号を取得する
    int ptB = pts[n+1]; // n+1番目のポイントの番号を取得する
    vector pos = point(0, "P", pt); // n番目のポイントの位置を取得する
    vector posA = point(0, "P", ptA); // n-1番目のポイントの位置を取得する
    vector posB = point(0, "P", ptB); // n+1番目のポイントの位置を取得する

    // 片方に引っ張られる力をベクトルで作る
    vector f1 = (posA - pos) * K / dist * len(pts);
    // もう片方に引っ張られる力をベクトルで作る。
    vector f2 = (posB - pos) * K / dist * len(pts);

    // ペア同士が引っ張られる力の変数を作る
    vector f3 = {0,0,0};
    for(int i=0; i<len(prims); i++){ // ペアのラインの数だけループを回す
        // ペアのラインを構成するポイントのリストを取得する
        int npts[] = primpoints(0, prims[i]);
        // ペアのラインを構成するラインのn番目の番号を取得する
        int npt = npts[n];
         // n番目のペアのラインのポイントの位置を取得する
        vector npos = point(0, "P", npt);
        // ラインのn番目のポイントから、ペアのラインのn番目のポイントへ向かうベクトルを作り、
        // そのベクトルをその2つのポイントの距離で割る。
        vector tf = (npos - pos) * 1.0 / distance(pos, npos);

        // たった今作ったベクトルの大きさが、ラインのn番目のポイントとペアの
        // ラインのn番目のポイントの間の距離よりも小さい場合
        if(length(tf) < distance(pos, npos)){
            f3 += tf; // ペア同士が引っ張られる力f3に、作ったベクトルtfを加える
```

```
      }
    }

    // ラインに戻ろうとする力f1、f2と、ペア同士が引っ張られる力f3を足し合わせ、
    // スプリングの強さで力を調整する
    vector f = (f1 + f2 + f3) * S;

    // 作った力でポイントの位置を動かして更新する
    setpointattrib(0, "P", pt, pos + f);
}
```

3-2 スプリングの力を更新する

場合によっては、時間が立つたびにスプリングの力を減衰させたいシチュエーションも考えられますので、その準備をしていきます。

Attribute Wrangle ノード　パラメータの Run Over を「Detail (only once)」にして、次のように VEX コードを記述します。

《Attribute Wrangleノードのコード》
```
// ディテールアトリビュートに格納されているスプリングの強さの保持率をアップデートする
f@S *= detail(0, "S_rate");
```

Attribute Wrangle ノードのパラメータ

このコードでは、ディテールのアトリビュートに格納されているスプリングの力の減衰率を読み込み、スプリングの力に掛け合わせて力を弱めています。これが毎フレーム呼ばれることで、スプリングの力が徐々に弱まっていくという寸法です。

3-3 ワイヤーをなめらかにする

このままだと多少ワイヤーが硬いので、ソルバーのなかの最後のステップとしてワイヤーをなめらかにします。

Smooth ノード　Attribute Wrangle ノードとつなげて、ワイヤーをなめらかにします。

以上で、ソルバーネットワークで行う処理は終わりです。ソルバーネットワークを抜けて再生してみると、徐々にペアになったワイヤー同士が引き合って納豆の束のようなシミュレーションを再現することができるようになっています。

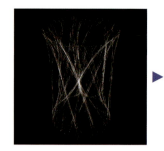

Step 4

4-1 ワイヤーに厚みを与える

シミュレーションの部分は完成しましたが、カーブのままだとレンダリング等ができないので、カーブに対して厚みをつけます。

PolyWire ノード　Solver ノードとつなげて、Wire Radius と Divisions のパラメータを次のように設定します。

Wire Radius: `point("../" + opinput(".", 0), $PT, "pscale", 0)`

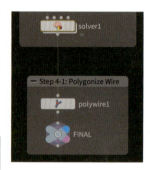

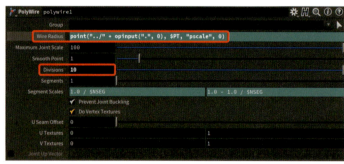

PolyWire ノードのパラメータ

これでポイントに格納された pscale に応じてワイヤーに厚みをつけることができます。

Null ノード　最後に、「FINAL」という名前で Null ノードを作り、PolyWire ノードとつなげて完成です。

ここまでできたら、CONTROLLER のパラメータをコントロールすることで、ワイヤーが引き合うときの違いを確認してみてください。例えば、compatibility_thresh という互換性の閾値を変化させると、ワイヤー同士のペアの作られ方が変化します。その他にも、応用としてワイヤー自体を自分で作って配置し、エッジ・バンドリングのシミュレーションを行ってみてください。

メインパラメータ
division: 257
size: 20
segments: 29
compatibility_thresh: 0.894
max_pscale: 0.596
min_pscale: 0.15
spring_strength: 0.076
spring_strength_ratio: 1
stiffness: 0.1

メインパラメータ
division: 981
size: 20
segments: 29
compatibility_thresh: 0.91
max_pscale: 0.068
min_pscale: 0.068
spring_strength: 0.076
spring_strength_ratio: 1
stiffness: 0.1

15
Snowflake
雪の結晶

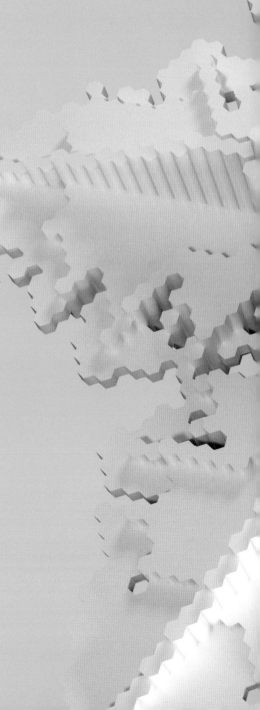

シンメトリーな形状は古くから人を魅了してやみません。なかでも、自然界に存在するシンメトリーな形状として有名で、そのバリエーションと美しさから多くの人から愛されているのが雪の結晶です。その結晶を観察してみると、雪の結晶の形状のバリエーションは数多くあるも、すべて六角形がベースになっていることがわかります。この雪の結晶の作られ方に関しては様々な研究があり、コンピュータモデルもいくつか発表されています。多くのアルゴリズムは 2 次元ベースなのですが、ヤンコ・グラブナー（Janko Gravner）とデヴィッド・グリフィーズ（David Griffeath）による論文「Modeling Snow Grystal Growth III」にて、雪の結晶の成長過程を 3 次元で再現するシミュレーション方法が提案されています。それを使って生成された雪の結晶の形状が非常に自然界のそれに近いため、本章では特にそのアルゴリズムをピックアップして解説し、Houdini で実装できるようにしたいと思います。

Snowflakeのアルゴリズム

☀ 雪の結晶の形状

雪の結晶の形状のベースは六角形で、拡大して見てみるとシンメトリーであることがわかります。その成長過程では、気温や湿度に応じて実にさまざまな形状が作られながら、6つの方向に対称的に枝を伸ばしていきます。

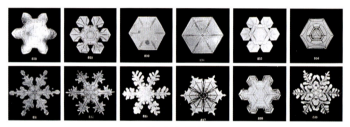

雪の結晶[★1]

雪の結晶が作られる過程を説明すると、まず温度の低下によって水蒸気を含んだ空気が冷却されると、気体が凝結されることで固化し、氷の粒になります。新しく作られた氷の粒はすでに作られていた氷の粒に結合し、それが繰り返し行われることで化学反応のように徐々に結晶が形作られていきます。

氷の粒同士が結合する際、水素結合と呼ばれる引き合う力が働き、平面方向へにも垂直方向にも成長していきます。平面方向へ成長していく場合の結合の角度は120度になり、その結果として六角形構造が作り上げられます。

☀ 雪の結晶の生成アルゴリズム

世に発表されている雪の結晶のアルゴリズムは2次元ベースのものが多く、平面方向への成長のみを再現するものがほとんどです。ただ、せっかくなら3次元に結晶を再現したいと考えて先行研究を探したところ、グラブナーとグリフィーズによる論文「Modeling Snow Grystal Growth III」を見つけました[★2]。

この論文では、垂直方向への成長も加味した3次元の結晶の成長のシミュレーションが説明されています。それによって出来上がる形も自然界の雪の結晶に近く、またパラメータを変えることで様々な形状のバリエーションを生むことができるので、今回はこれを実装しようと思います。本論文では、雪の結晶のシミュレーションを行うにあたって次のようなルールを設定しています。

★1 by Wilson Bentley (wea02082, NOAA's National Weather Service (NWS) Collection)

◎ 高さ方向に積み上げられた六角形のグリッド上に結晶が生成される
◎ 各六角形のセルは結晶化のためのメタデータを持っている
◎ セルには大きく分けて、結晶化したセルと水蒸気のセルの2種類がある
◎ 結晶に接している水蒸気のセルの層を境界層と呼ぶ
◎ 境界層のセルは、水蒸気の拡散・凍結・結合（結晶化）の流れで結晶に変化する
◎ 結晶の外の水蒸気は等方性をもって平面方向へと拡散する
◎ 結晶の外の水蒸気はときどき垂直方向へドリフトする
◎ 結晶の境界の凸具合と方向（角度）に応じて結晶化の条件が変わる
◎ 結晶の境界が溶けることで境界層を作る

たくさんのルールがありますが、六角形のグリッド上の各セルを、それと隣りあうセルとの条件に応じて徐々に結晶化させていく具体的なアルゴリズムは、次のような流れで説明をすることが可能です。（この仕組みは、隣り合うセルの状況に呼応して各セルの状態を変化させる「セル・オートマトン」と呼ばれるアルゴリズムがベースになっています）。

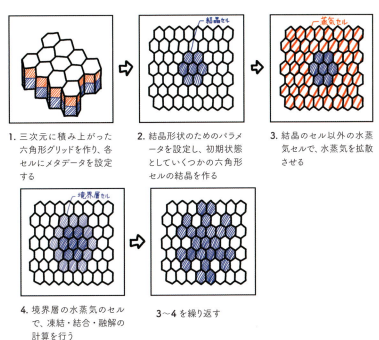

1. 三次元に積み上がった六角形グリッドを作り、各セルにメタデータを設定する
2. 結晶形状のためのパラメータを設定し、初期状態としていくつかの六角形セルの結晶を作る
3. 結晶のセル以外の水蒸気セルで、水蒸気を拡散させる
4. 境界層の水蒸気のセルで、凍結・結合・融解の計算を行う
3～4 を繰り返す

これらの過程について、順に説明してきます。

✱ 1. 六角形グリッドの各セルが持つメタデータについて

雪の結晶の生成は、六角形グリッドを高さ方向に詰みげる形で行います。その上で、各セルにそれぞれ次のような情報を格納できるようにします。これらの情報を使うことで、水蒸気が徐々に結晶化していくシミュレーションを再現することが可能となります。

◎ 境界質量（Boundary Mass）：境界層のセルの凍結具合を示す質量
◎ 拡散質量（Diffusion Mass）：セルの水蒸気の拡散具合を示す質量
◎ 境界層フラグ（Boundary Flag）：セルが境界層であるかどうかのフラグ

★2　Janko Gravner and David Griffeath. 2008. "Modeling snow crystal growth: a three-dimensional mesoscopic approach" Phys. Rev. E 79, 011601, Published 6 January 2009

◎ 結晶フラグ (Snowflake Flag)：セルが結晶であるかどうかのフラグ
◎ 結晶の境界フラグ (Snowflake Edge Flag)：セルが境界層と隣り合う結晶であるかどうかのフラグ
◎ 平面方向結晶数 (Horizontal Neighbour Count)：セルと平面方向に隣り合う結晶の数
◎ 垂直方向結晶数 (Vertical Neighbour Count)：セルと垂直方向に隣り合う結晶の数

✸ 2-1. 隣り合う結晶の数に応じて変化するパラメータについて

本アルゴリズムでは、結晶の形状を決定するための複数のパラメータを使用します。それらは、主に境界層の水蒸気が結晶化する速さに関わるものです。また、境界層の水蒸気のセルが平面方向と垂直方向に何個結晶のセルがあるかでパラメータを変化させます。多くの結晶に囲まれている水蒸気のセルは、それだけそのセルが結晶化するスピードが速くなり、逆に隣り合う結晶が少ない場合は、それだけ結晶化のスピードも落ちるという寸法です。隣にある結晶の数に応じて、パラメータを次の7種類に分岐させます。

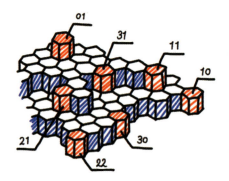

01 タイプ：平面方向に 0 個、垂直方向に 1 個以上の場合
10 タイプ：平面方向に 1 個、垂直方向に 0 個の場合
11 タイプ：平面方向に 1 個、垂直方向に 1 個以上の場合
20 タイプ：平面方向に 2 個、垂直方向に 0 個の場合
21 タイプ：平面方向に 2 個、垂直方向に 1 個以上の場合
30 タイプ：平面方向に 3 個以上、垂直方向に 0 個の場合
31 タイプ：平面方向に 3 個以上、垂直方向に 1 個以上の場合

例えば、凍結に関係する境界層のセルのパラメータ（k）を決める際、境界層の水蒸気セルが平面方向に 2 個結晶接していて、垂直方向に 0 個接している場合は、k20 というパラメータを使うことになり、平面方向に 1 個接していて、垂直方向に 1 個接している場合は、k11 というパラメータを使うことになります。

✸ 2-2. 初期状態について

このシミュレーションでは、結晶のセルに触れている境界層が結晶化していくプロセスとなるので、最初から結晶のセルがすでに存在している必要があります。そのため、本来の自然現象とは異なりますが、初期状態として恣意的に六角形グリッド上に結晶化したセルをいくつか配置しておく必要があります。

✸ 3. 水蒸気拡散のアルゴリズム

まず最初に、自然界の現象として水蒸気が拡散していく現象をコンピュータ上で再現します。今回用いるコンピュータモデルでは、基本的には六角形グリッドのなかの結晶セル以外のセルは水蒸気セルとなっていて、そのすべてのセルを拡散させます。

蒸気の拡散の計算は、全部で3段階に分けて行われます。第1段階として、各水蒸気セルにおいて、そのセルの平面方向Tで隣り合う水蒸気のセルと、自分自身のセルを含む全部で7個のセルの「拡散質量」を使って、新たな「拡散質量 dt」を計算します。ここで言う「拡散質量」とは、各水蒸気のセルの拡散具合を示すもので、後々水蒸気セルを結晶化させる際に重要になってきます。

$$d'_t(x) = \frac{1}{7} \sum_{y \in N_z^T} d_t^\circ(y)$$

$d'_t(x)$：1つの水蒸気セルに対して平行方向の周辺の拡散具合から計算された拡散質量
$d_t^\circ(y)$：周辺の水蒸気セルの拡散質量
t：現在の時間

第2段階として、直前に得た拡散質量 d_t と、各セルの垂直方向（Z）で隣り合う2つの六角形のセルの現状の拡散質量を使って、新しい拡散質量を計算します。

$$d''_t(x) = \frac{4}{7} d'_t(x) + \frac{3}{14} \sum_{y \in N_z^T, y \neq z} d'_t$$

$d''_t(x)$：1つの水蒸気セルに対して垂直方向の周辺の拡散具合から計算された拡散質量

第3段階として、最後に垂直方向へのドリフトを考慮した拡散質量の計算を次のように行います。

$$d'''_t(x) = (1 - \phi \cdot (1 - a_t(x - e_3))) \cdot d''_t(x) + \phi \cdot (1 - a_t(x + e_3)) \cdot d''_t(x + e_3)$$

$d'''_t(x)$：更新された水蒸気セルの拡散質量
e_3：垂直方向への単位ベクトル
ϕ：ドリフトの強さを示すパラメータ
a：結晶であるか否かのフラグ
t：現在の時間

この結果得られた値が、水蒸気の拡散質量として確定します。これらの計算は時間単位で繰り返し行われます。

✼ 4-1. 境界層の凍結のアルゴリズム

水蒸気の拡散のあとは、凍結という現象に注目します。水蒸気が拡散されたのち、結晶の境界の層（境界層）にある水蒸気のセルは、隣り合う結晶に影響されて冷やされて凍結していきます。この凍結具合は、のちに水蒸気セルが結晶化するか否かに関わる重要な現象です。今回は、この凍結現象を計算式によって再現します。

具体的には、境界層の各水蒸気セルにおいて、隣り合う結晶の数に応じて拡散質量を減らし、凍結具合を示す境界質量を増やすことになります。境界質量の増加率は、先に計算した拡散質量と凍結に関するパラメータkによって影響されます。このパラメータは、平面および垂直方向の接する結晶の数に応じて変わります。計算式は次のもので、この計算によって境界層セルの境界質量と拡散質量を更新します。

$$b'_t(x) = b^\circ_t(x) + (1 - k(n^T_t(x), n^Z_t(x))) d^\circ_t(x)$$
$$d'_t(x) = k(n^T_t(x), n^Z_t(x)) d^\circ_t(x)$$

$b'_t(x)$：境界層の水蒸気セルの更新された境界質量
$b^\circ_t(x)$：境界層の水蒸気セルの現状の境界質量
$d^\circ_t(x)$：境界層の水蒸気セルの現状の拡散質量
$k(n^T_t(x), n^Z_t(x))$：凍結に関わるパラメータ（隣り合う結晶の数に応じて変化）
$d'_t(x)$：更新された拡散質量

✳ 4-2. 境界層の結合のアルゴリズム

次は、本アルゴリズムのなかで重要なステップである結合の現象です。これは、境界層にある水蒸気が結晶に昇華する段階となります。本アルゴリズムでは、境界層の水蒸気セルの境界質量に応じて結晶化するかどうかの計算を行います。

具体的には、先に計算した境界質量と、結合のしやすさに関わるパラメータ β を利用することで、現在の境界層の水蒸気セルが結晶化するかどうかを決定します。

$$a'_t(x) = (b^\circ_t(x) \geq \beta(n^T_t(x), n^T_t(x)))\,?\,1:0$$

$a'_t(x)$：境界層のセルが結晶化するか否かのフラグ
$b^\circ_t(x)$：現状の境界質量
$\beta(n^T_t(x), n^T_t(x))$：結合のしやすさに関わるパラメータ（隣り合う結晶の数に応じて変化）

計算の結果フラグが 1 であれば結晶化し、0 であれば結晶化しないことになります。

✳ 4-3. 境界層の融解のアルゴリズム

雪の結晶の生成過程の最後は、融解という現象です。この現象では、結晶化しなかった水蒸気セルの凍結具合が減る（気体の状態に戻る）ということが起こります。本アルゴリズムでは、この融解の現象を計算式で示します。

$$b'_t(x) = (1 - \mu(n^T_t(x), n^Z_t(x))) b^\circ_t(x)$$
$$d'_t(x) = d^\circ_t(x) + \mu(n^T_t(x), n^Z_t(x))) b^\circ_t(x)$$

$b'_t(x)$：境界層の水蒸気セルの更新された境界質量
$d'_t(x)$：境界層の水蒸気セルの更新された拡散質量
$\mu(n^T_t(x), n^Z_t(x))$：融解に関わるパラメータ（隣り合う結晶の数に応じて変化）
$b^\circ_t(x)$：境界層の水蒸気セルの現在の境界質量

この計算式では、水蒸気セルが凍結した状態から蒸気に戻すために、融解に関係のあるパラメータ μ を使って境界質量の値を下げ、拡散質量の値を増やしています。

ここまでで説明した拡散、凍結、結合、融解のプロセスを時間単位で何度も繰り返すことで、徐々に六角形グリッド上が結晶のセルで埋まっていき、結果雪の結晶が成長する様をシミュレートすることができます。レシピ編では、Houdini を使ってこれらの過程をすべて再現していき、3 次元空間上で雪の結晶を作ります。

Snowflake のレシピ

このレシピでは、3次元の雪の結晶が成長するシミュレーションを、グラブナーとグリフィースの論文に基づいて作ります。このレシピは本書のなかではコードの分量が多くて比較的複雑な方ですが、できあがる結果は非常にリアルな雪の結晶構造で、またパラメータの違いによって実に様々な結晶を作ることができます。論文の内容に沿ったシミュレーションになっているため応用性には多少欠けるかもしれませんが、セルオートマトン的なシミュレーションの仕方自体から他の用途へのヒントを得られればと思います。

ネットワーク図

Step 1
雪の結晶のベースを作る

Step 2
雪の結晶を
成長させる

Step 3
雪の結晶を可視化する

メインパラメータ

名前	タイプ	範囲	デフォルト値	説明
size	Integer	0 – 200	95	六角形グリッドのサイズ
beta01	Float	0 – 10	1.73	結合用パラメータ（平面方向0、垂直方向1以上）
beta10	Float	0 – 10	1.34	結合用パラメータ（平面方向1、垂直方向0）
beta11	Float	0 – 10	1.0	結合用パラメータ（平面方向1、垂直方向1以上）
beta20	Float	0 – 10	1.34	結合用パラメータ（平面方向2、垂直方向0）
beta21	Float	0 – 10	1.0	結合用パラメータ（平面方向2、垂直方向1以上）
beta30	Float	0 – 10	1.0	結合用パラメータ（平面方向3以上、垂直方向0）
beta31	Float	0 – 10	1.0	結合用パラメータ（平面方向3以上、垂直方向1以上）
mu01	Float	0 – 10	0.001	融解用パラメータ（平面方向0、垂直方向1以上）
mu10	Float	0 – 10	0.001	融解用パラメータ（平面方向1、垂直方向0）
mu11	Float	0 – 10	0.001	融解用パラメータ（平面方向1、垂直方向1以上）
mu20	Float	0 – 10	0.001	融解用パラメータ（平面方向2、垂直方向0）
mu21	Float	0 – 10	0.001	融解用パラメータ（平面方向2、垂直方向1以上）
mu30	Float	0 – 10	0.001	融解用パラメータ（平面方向3以上、垂直方向0）
mu31	Float	0 – 10	0.001	融解用パラメータ（平面方向3以上、垂直方向1以上）
kappa01	Float	0 – 10	0.1	凍結用パラメータ（平面方向0、垂直方向1以上）
kappa10	Float	0 – 10	0.1	凍結用パラメータ（平面方向1、垂直方向0）
kappa11	Float	0 – 10	0.1	凍結用パラメータ（平面方向1、垂直方向1以上）
kappa20	Float	0 – 10	0.1	凍結用パラメータ（平面方向2、垂直方向0）
kappa21	Float	0 – 10	0.1	凍結用パラメータ（平面方向2、垂直方向1以上）
kappa30	Float	0 – 10	0.1	凍結用パラメータ（平面方向3以上、垂直方向0）
kappa31	Float	0 – 10	0.1	凍結用パラメータ（平面方向3以上、垂直方向1以上）
rho	Float	0 – 10	0.1	水蒸気セルの初期拡散質量
phi	Float	0 – 10	0	模様の細かさ（解像度）

Step 1

1-1 六角形グリッドを作る

まずは、六角形の中心点からなる3次元の六角形グリッドを1から作ります。

Attribute Wrangle ノード　パラメータの Run Over を「Detail（only once）」に設定し、VEX コードを次のように記述していきます。

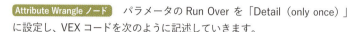

Attribute Wrangle ノードのパラメータ

まずは、CONTROLLER で設定した各種のパラメータを読み込みます。

《Attribute Wrangle ノードのコード》

```
// 水蒸気セルの初期拡散質量を表すパラメータ値を読み込む
float rho = chf("rho");
// 六角形グリッドの全体の大きさを表すパラメータ値を読み込む
int size = chi("size");
……
```

rho: ch("../CONTROLLER/rho")
size: ch("../CONTROLLER/size")

Attribute Wrangle ノードのパラメータ

平面の六角形のグリッドを垂直方向に積み上げるように配置して、六角形グリッドを作っていきます。なお以下の行程は、アルゴリズムの項で説明した最初のステップにあたります。

```
……
// グリッドのサイズを決定する
int sizeX = size * 0.82; // グリッドのX方向の数を計算する
int sizeY = size * 0.3; // グリッドのYの数を計算する
int sizeZ = size; // グリッドのZ方向の数を計算する
float lengthX = 1.0; // 1つの六角形セルのX方向の大きさを決める
float lengthZ = 1.0 * cos($PI * 30.0 / 180.0); // 1つの六角形セルのZ方向の大きさを決める

// サイズに応じて六角形グリッドを作る
for(int j = 0; j < sizeZ; j++){ // Z方向のセルの数だけループを回す
    // Z方向のセルの奇数偶数番目に応じたX方向へのオフセット値を作る
    float shift_x = ((j+1) % 2) * 0.5 * lengthX;
    // Z方向のセルの位置を作る
    float shift_z = j * lengthZ;
    for(int i = 0; i<sizeX; i++){ // X方向のセルの数だけループを回す。
        for(int t = 0; t<sizeY; t++){
            // 六角形グリッドの位置を作る
            vector pos = set(i * lengthX + shift_x, t, shift_z);
            // 六角形グリッドの位置にポイントを追加する
```

```
            int pt = addpoint(0, pos);

            // グリッド全体の中心点の番号を取得する
            int midX = int(sizeX / 2.0);  // X方向
            int midY = int(sizeY / 2.0);  // Y方向
            int midZ = int(sizeZ / 2.0);  // Z方向

            // グリッドの真ん中の1個のセルを結晶にする
            // セルの番号がグリッド全体の真ん中に位置しているとき
            if(i == midX && t == midY && j == midZ){
                // ポイントに結晶セルであることを表すsnowflakeというグループを設定する
                setpointgroup(0, "snowflake", pt, 1);
                // また、ポイントに境界にある結晶セルであることを表す
                // edge_snowflakeというグループを設定する
                setpointgroup(0, "edge_snowflake", pt, 1);
                // ポイントを水蒸気セるであることを表す
                // non_boundaryというグループから外す
                setpointgroup(0, "non_boundary", pt, 0);
                // ポイントの水蒸気の拡散質量のアトリビュートに0を格納する
                setpointattrib(0, "diffusion_mass", pt, 0);
            // セルの番号がグリッド全体の真ん中以外に位置しているとき
            }else{
                // ポイントを結晶セルであることを表すsnowflakeというグループから外す
                setpointgroup(0, "snowflake", pt, 0);
                // ポイントを境界にある結晶セルであることを表す
                // edge_snowflakeというグループから外す
                setpointgroup(0, "edge_snowflake", pt, 0);
                // ポイントに水蒸気セルであることを表す
                // non_boundaryというグループを設定する
                setpointgroup(0, "non_boundary", pt, 1);
                // ポイントのdiffusion_massというアトリビュートに
                // 初期拡散質量の値を格納する
                setpointattrib(0, "diffusion_mass", pt, rho);
            }

            // ポイントを境界層であることを示すboundaryグループから外す
            setpointgroup(0, "boundary", pt, 0);
            // ポイントの水平の近隣のセルの数の値のアトリビュートに0を格納する
            setpointattrib(0, "horizontalNeighbourCount", pt, 0);
            // ポイントの垂直の近隣のセルの数の値のアトリビュートに0を格納する
            setpointattrib(0, "verticalNeighbourCount", pt, 0);
        }
    }
}
```

ここで注意すべき点は、グリッドのセル間のサイズは1に固定していることです。これにより、後ほど隣り合うセルをカウントしやすくなります。

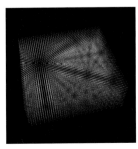

1-2 セルに情報を付加する

次に、各六角形セルのポイントの初期設定を行います。アルゴリズムで説明した通り、最初にいくつか結晶のセルがないと結晶化の計算ができないので、先に作ったグリッドの中心に存在するポイントから結晶化されたセルを作ります。

Point Wrangle ノード　1つ目のインプットと、Step 1-1 で作った Attribute Wrangle とつなげます。パラメータの Group に「snowflake」と入力して、結晶のセルに対してだけ計算が行われるようにします。VEX コードは次のように記述します。

《Point Wrangleノードのコード》

```
// 結晶のセルを中心にした半径2の範囲にあるセルのリストを取得する
int npts[] = nearpoints(0, @P, 2 + 0.01);

// 見つかった周辺のセルを結晶に変更する
foreach(int npt; npts){ // セルのリストの大きさだけループを回す
    // セルごとポイントの位置を取得する
    vector nptPos = point(0, "P", npt);
    // 結晶セルの高さ（Y軸方向の値）と周辺のセルが同じ高さにある（水平の位置にある）場合
    if(abs(@P.y - nptPos.y) < 0.01){
        // セルのポイントにsnowflakeのグループを設定する
        setpointgroup(0, "snowflake", npt, 1);
        // セルのポイントにedge_snowflakeのグループを設定する
        setpointgroup(0, "edge_snowflake", npt, 1);
        // セルのポイントをnon_boundaryのグループをから外す
        setpointgroup(0, "non_boundary", npt, 0);
        // セルのポイントをboundaryのグループから外す
        setpointgroup(0, "boundary", npt, 0);
        // セルのポイントのdiffusion_massのアトリビュートに0を格納する
        setpointattrib(0, "diffusion_mass", npt, 0.0);
        // セルのポイントの境界質量を表すboundary_massのアトリビュートに1を格納する
        setpointattrib(0, "boundary_mass", npt, 1.0);
    }
}
```

Point Wrangle ノードのパラメータ

このコードは、アルゴリズムの項で説明した初期状態を設定するステップにあたる行程を記述していて、グリッドの中心からの距離が 2 の範囲にある六角形がすべて結晶となるように snowflake のグループを設定しています。その結果、19 個のセルが結晶となります。

1-3 隣り合うセルをカウントする

次に、グリッド上のすべてのポイントに対して、隣り合うセルがいくつあるかという情報をアトリビュートとして格納します。

Point Wrangle ノード　1つ目のインプットと Step1-2 で作った Point Wrangle ノードをつなげて、次のように VEX コードを記述します。

《Point Wrangle ノードのコード》
```
// 各セルに隣り合うセルのリストを取得する
int npts[] = nearpoints(0, @P, 1.01);
// セルのポイントのneighbourCountというアトリビュートに、
// 自分を含めた隣り合うセルの数を格納する
i@neighbourCount = len(npts);
```

ここで注意すべき点は、グリッドのセル同士の距離は1に設定しているため、それより多少大きい値を探索半径にしてポイントのリストを取得してるということです。

ここまでで、雪の結晶の成長のシミュレーションを行うための設定は終わりです。次のステップからは実際のシミュレーションを開始します。

Step 2

このレシピでは、セルオートマトンの考え方に基づいて計算を行う手前、再帰的な計算が必要となります。また1回の計算のコストが比較的高いため、ここではソルバーを使って毎フレーム計算することで結晶の成長をアニメーションとして表現できるようにします。

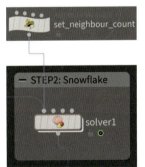

Solver ノード　1つ目のインプットに Step 1-3 で作った Point Wrangle ノードをつなげ、次のようにパラメータを設定します。

Solver ノードのパラメータ

その上で、Solver ノードをダブルクリックしてソルバーネットワークのなかに入ります。このソルバーネットワークで、雪の結晶のシミュレーションの実装を行います。

2-1 境界層を設定する

まずは結晶セルに接している水蒸気セルを探し出し、そのセルを境界層のセルとして設定します。

Point Wrangleノード 1つ目のインプットと「Prev_Frame」という名前のノードとつなげます。パラメータのGroupを「edge_snowflake」に設定することで、エッジ部分にある結晶に対してだけコードが走るようになります。そして、次のようにVEXコードを記述します。

《Point Wrangleノードのコード》

```
// 水平方向と垂直方向の隣接セルの数を、アトリビュートの値を0にしてリセットする
i@horizontalNeighbourCount = 0; // 水平方向の近隣セル
i@verticalNeighbourCount = 0;   // 垂直方向の近隣セル

  // 水平のセル間の距離より少しだけ大きい値を作る
float dist = 1.01;
// non_boundaryグループに属している（水蒸気セルの）隣り合うセルのリストを取得する
int hnpts[] = nearpoints(0, "non_boundary", @P, dist);
for(int i=0; i<len(hnpts); i++){  // 取得したセルのリストの大きさだけループを回す
    // 取得したセルの個々の番号を取得する
    int npt = hnpts[i];
    // 取得したセルの位置を取得する
    vector nptPos = point(0, "P", npt);
    // 取得したセルが、探索元のセルと同じ高さにあるとき
    if(abs(nptPos.y - @P.y) < 0.01){
        // 取得したセルのポイントをnon_boundaryのグループから外す
        setpointgroup(0, "non_boundary", npt, 0);
        // 取得したセルのポイントにboundaryのグループを設定する
        setpointgroup(0, "boundary", npt, 1);

        // 取得したセルのポイントがもつ水平方向に隣り合うセルの数のアトリビュートに1を足す
        setpointattrib(0, "horizontalNeighbourCount", npt, 1, "add");
    }
}

// non_boundaryグループに属している（水蒸気セルの）隣り合うセルのリストを取得する
int vnpts[] = nearpoints(0, "non_boundary", @P, dist);
for(int i=0; i<len(vnpts); i++){  // 取得したセルのリストの大きさだけループを回す
    // 取得したセルの個々の番号を取得する。
    int npt = vnpts[i];
    // 取得したセルの位置を取得する
    vector nptPos = point(0, "P", npt);
    // 取得したセルが、探索元のセルと異なる高さにある（垂直方向に隣り合う）とき
    if(abs(nptPos.y - @P.y) >= 0.01){
        // 取得したセルのポイントをnon_boundaryのグループから外す
        setpointgroup(0, "non_boundary", npt, 0);
        // 取得したセルのポイントにboundaryのグループを設定する
        setpointgroup(0, "boundary", npt, 1);

        // 取得したセルのポイントの水平方向の隣り合うセルの数のアトリビュートに1足す
        setpointattrib(0, "verticalNeighbourCount", npt, 1, "add");
```

```
        }
    }
```

Point Wrangle ノードのパラメータ

このコードでは、エッジにある結晶の隣に存在する水蒸気のセルに、boundary というグループを設定して境界層としています。それ以外の水蒸気のセルには、non_boundary のグループを設定しています。また同時に、境界層のセルに、その水平方向および垂直方向にいくつの結晶セルがあるかも格納しています。この数は、後ほど行う計算の際に必要となります。

2-2 エッジにある結晶をマークする

次に、結晶のエッジとして指定してあるセルを、edge_snowflake グループから一旦外します。

`Point Wrangle ノード` 1つ目のインプットと Step 2-1 で作った Point Wrangle ノードをつなげます。パラメータの Group を「edge_snowflake」を設定することで、エッジにある結晶に対してのみ計算が行われるようにします。VEX コードは次のように記述します。

《Point Wrangle ノード（reset_edge_snowflake）のコード》

```
// 境界層のセルからedge_snowflakeグループを一旦外す
setpointgroup(0, "edge_snowflake", @ptnum, 0);
```

Point Wrangle ノード（reset_edge_snowflake）のパラメータ

その上で、今度は境界層に接している結晶を edge_snowflake グループに設定します。

`Point Wrangle ノード` 1つ目のインプットと直前に作った Point Wrangle ノードをつなげます。パラメータの Group を「boundary」に設定し、境界層のセルに対してだけ計算が行われるようにします。VEX コードは次のように記述して、境界層のセルに近接する結晶のセルを、エッジにある結晶であることを示すグループに入れます。

《Point Wrangle ノード（create_edge_snowflake）のコード》

```
float dist = 1.01;  // 水平のセル間の距離より少しだけ大きい値を作る

// 水平方向に隣にあるsnowflakeのグループに入っている結晶セルのリストを取得する
int npts[] = nearpoints(0, "snowflake", @P, dist);

for(int i=0; i<len(npts); i++){ // 取得したリストの大きさ分ループを回す
    // 水平に隣り合う個々の結晶のセルの番号を取得する
    int npt = npts[i];

    // 取得したセルのポイントにedge_snowflakeのグループを設定する
    setpointgroup(0, "edge_snowflake", npt, 1);
```

}
```

Point Wrangle ノード（create_edge_snowflake）のパラメータ

## 2-3 水蒸気の拡散の計算を行う（1）

ここから、雪の結晶の成長させていくための計算を行なっていきます。まずはアルゴリズムの項で説明した、水蒸気の拡散の第1段階と第2段階の計算を行います。

**Point Wrangle ノード** 1つ目のインプットと、Step 2-2で作った Point Wrangle ノードをつなげます。パラメータの Group を「boundary non_boundary」に設定し、すべての水蒸気セルに対して計算が行われるようにして、次のように VEX コードを記述していきます。

まずは水平方向の拡散計算を行います。

《Point Wrangleノードのコード》
```
// 自分含めた近接セルが水平垂直合わせて9個あるとき
if(i@neighbourCount == 9){

    float dist = 1.01; // 水平方向に隣り合うセルの大きさより少しだけ大きめな値を作る
    float diffusion_mass = 0; // 拡散質量を表す変数を作る

    // ポイントから隣り合う距離にあるセルのリストを取得する
    int npts[] = nearpoints(0, @P, dist);
    // 水平方向の拡散質量を表す変数を作る
    float h_diffusion_mass = 0;

    for(int i=0; i<len(npts); i++){ // 取得したリストの大きさだけループを回す
        // 取得したリストのセルのポイントの番号を取得する
        int npt = npts[i];
        // セルのポイントの位置を取得する
        vector nptPos = point(0, "P", npt);
        // セルが水平の位置にあるとき
        if(abs(nptPos.y - @P.y) < 0.01){
            // セルの拡散質量を取得する
            float dm = point(0, "diffusion_mass", npt);
            // 水平方向の拡散質量の変数に、取得したセルの拡散質量を足し合わせる
            h_diffusion_mass += dm;
        }
    }

    // 足し合わされた水平方向の拡散質量を、自分を含めた水平に隣り合うセルの合計7で割る
    h_diffusion_mass /= 7.0;
......
```

垂直方向の拡散計算もします。
```

```
      ……
        // 垂直方向の拡散質量を表す変数を作る
        float v_diffusion_mass = 0;
         for(int i=0; i<len(npts); i++){  // 取得したリストの大きさだけループを回す
            // 取得したリストのセルのポイントの番号を取得する
            int npt = npts[i];
            // セルのポイントの位置を取得する
            vector nptPos = point(0, "P", npt);
            // セルが垂直の位置にあるとき
            if(abs(@P.y - nptPos.y) > 0.01){
                // セルの拡散質量を取得する
                float dm = point(0, "diffusion_mass", npt);
                // 垂直方向の拡散質量の変数に、取得したセルの拡散質量を足し合わせる
                v_diffusion_mass += dm;
            }
        }
      ……
```

続いて、これらの計算で得られた値を使用して、第2段階の水蒸気の拡散の計算を行って拡散質量を得ます。

```
      ……
        // アルゴリズムの項の $d_t^i(x)$ に相当する計算式
        diffusion_mass = h_diffusion_mass * 4.0 / 7.0 + v_diffusion_mass * 3.0 / 14.0;

        // 得られた拡散質量をポイントのアトリビュートに格納する
        f@diffusion_mass = diffusion_mass;
}
```

Point Wrangle ノードのパラメータ

注意点としては、水蒸気に隣り合うセルが自分自身を含めて9つあるときだけ拡散の計算を行うようにしていることです。つまり、グリッドの端にあるセルでは、拡散の計算が行われないことになります。そのため、グリッドが小さすぎて結晶がエッジに近すぎると、本来得られるべき結果が得られなくなってしまうので、グリッドは大きめに作っておくことをおすすめします。

2-4 水蒸気の拡散の計算を行う(2)

次に、水蒸気の拡散のアルゴリズムの項で説明している第3段階の計算式を使って、水蒸気の拡散値をアップデートします。

Point Wrangle ノード　1つ目のインプットと、Step 2-3で作ったPoint Wrangleをつなげます。このノードにおいても、Step 2-3と同じようにパラメータのGroupを「boundary non_boundary」に設定し、すべての水蒸気セルに対して計算が行われるようにします。そして次のVEXコードを記述します。

《Point Wrangleノードのコード》

```
    // 自分含めた近接セルが水平垂直合わせて9個あるとき
```

```
    if(i@neighbourCount == 9){
        // 下の方向（Y軸マイナス方向）に隣り合うポイントの番号を取得する
        int dpt = nearpoint(0, @P + (0, -1, 0), 0.01);
        // 下の方向（Y軸プラス方向）に隣り合うポイントの番号を取得する
        int upt = nearpoint(0, @P + (0, 1, 0), 0.01);
        // 模様の細かさ（解像度）を表すパラメータ値を読み込む
        float phi = chf("/obj/geo1/CONTROLLER/phi");

        // 下方向に隣り合うセルがsnowflakeのグループに属しているか（結晶セルかどうか）を確かめる。
        // 属している場合は1、属していない場合は0が得られる
        int ad = inpointgroup(0, "snowflake", dpt);
        // 上方向に隣り合うセルが結晶セルかどうかを確かめる
        int au = inpointgroup(0, "snowflake", upt);

        // ポイントの拡散質量を取得する
        float dmx = point(0, "diffusion_mass", @ptnum);
        // ポイントの上方向の拡散質量を取得する
        float dmxu = point(0, "diffusion_mass", upt);

        // アルゴリズムの項の $d_t^{''}(x)$ に相当する計算式
        float diffusion_mass = (1 - phi * (1 - ad)) * dmx + phi * (1
- au) * dmxu;

        // 得られた拡散質量をポイントのアトリビュートに格納する
        f@diffusion_mass = diffusion_mass;
}
```

Point Wrangle ノードのパラメータ

2-5 凍結の計算を行う

次に、境界層の水蒸気セルに対して凍結の計算を行います。

Point Wrangle ノード　1つ目のインプットと、Step 2-4で作ったPoint Wrangleノードをつなげます。パラメータの Group を「boundary」に設定し、境界層にある水蒸気セルに対してのみ計算が行われるようにして、次の VEX コードを記述していきます。

まずは、水平、垂直の近接するセルの数に応じた k のパラメータを取得する関数を作ります。

《Point Wrangleノードのコード》

```
// 引数として
// h（水平方向に隣り合う結晶の数）
// v（垂直方向に隣り合う結晶の数）
// を持つ関数を作る。
float getKappa(int h; int v){
    // 水平方向0、垂直方向1以上のときのパラメータ値を読み込む
```

```
        float kappa01 = chf("/obj/geo1/CONTROLLER/kappa01");
        // 水平方向1、垂直方向0のときのパラメータ値を読み込む。
        float kappa10 = chf("/obj/geo1/CONTROLLER/kappa10");
        // 水平方向1、垂直方向1以上のときのパラメータ値を読み込む
        float kappa11 = chf("/obj/geo1/CONTROLLER/kappa11");
        // 水平方向2、垂直方向0のときのパラメータ値を読み込む
        float kappa20 = chf("/obj/geo1/CONTROLLER/kappa20");
        // 水平方向2、垂直方向1以上のときのパラメータ値を読み込む
        float kappa21 = chf("/obj/geo1/CONTROLLER/kappa21");
        // 水平方向3以上、垂直方向0のときのパラメータ値を読み込む
        float kappa30 = chf("/obj/geo1/CONTROLLER/kappa30");
        // 水平方向3以上、垂直方向1以上のときのパラメータ値を読み込む
        float kappa31 = chf("/obj/geo1/CONTROLLER/kappa31");

        if(h == 0 && v == 1){ // 水平方向0、垂直方向1以上のとき
            return kappa01;
        }else if(h == 1 && v == 0){ // 水平方向1、垂直方向0のとき
            return kappa10;
        }else if(h == 1 && v == 1){ // 水平方向1、垂直方向1以上のとき
            return kappa11;
        }else if(h == 2 && v == 0){ // 水平方向2、垂直方向0のとき
            return kappa20;
        }else if(h == 2 && v == 1){ // 水平方向2、垂直方向1以上のとき
            return kappa21;
        }else if(h == 3 && v == 0){ // 水平方向3以上、垂直方向0のとき
            return kappa30;
        }else if(h == 3 && v == 1){ // 水平方向3以上、垂直方向1以上のとき
            return kappa31;
        }else{
            return 999; // 条件に合うものがなければ999を返す
        }
    }
......
```

続いて、アルゴリズムの項で説明した境界層セルの凍結の計算を行います。

```
......
float bm = f@boundary_mass; // ポイントから境界質量を取得する
float dm = f@diffusion_mass; // ポイントから拡散質量を取得する

// ポイントの水平方向に隣り合うセルの数を最大3でクランプする
int h = min(3, i@horizontalNeighbourCount);
// ポイントの垂直方向に隣り合うセルの数を最大1でクランプする
int v = min(1, i@verticalNeighbourCount);
// 水平と垂直に隣り合うセルの数に応じた凍結に利用するパラメータを取得する
float kappa = getKappa(h,v);

// アルゴリズムの項のb'_i(x)(凍結時) に相当する境界質量の計算式
float boundary_mass = bm + (1- kappa) * dm;
// アルゴリズムの項のd'_i(x)(凍結時) に相当する拡散質量の計算式
float diffusion_mass = kappa * dm;

// ポイントのアトリビュートに境界質量を格納する
f@boundary_mass = boundary_mass;
```

```
// ポイントのアトリビュートに拡散質量を格納する
f@diffusion_mass = diffusion_mass;
```

Point Wrangle ノードのパラメータ

このコードでは、境界質量を増やし、拡散質量を減らしています。ここで注目すべきは、境界層に隣り合う水平方向と垂直方向の結晶の数に応じて、kappa（凍結用パラメータ）の値を変更しているという点です。

2-6 結合の計算を行う

次に、境界層の水蒸気セルに対して結合の計算を行います。

Point Wrangle ノード　1つ目のインプットと、Step 2-5で作った Point Wrangle ノードをつなげます。パラメータの Group を「boundary」に設定し、境界層にある水蒸気セルに対してのみ計算が行われるようにして、次の VEX コードを記述していきます。

まず、水平、垂直の近接するセルの数に応じた beta のパラメータを取得する関数を作ります。

《Point Wrangle ノードのコード》

```
// 引数に
// h（水平方向に隣り合う結晶の数）
// v（垂直方向に隣り合う結晶の数）
// を持つ関数を作る
float getBeta(int h; int v){
    // 水平方向0、垂直方向1以上のときのパラメータ値を読み込む
    float beta01 = chf("/obj/geo1/CONTROLLER/beta01");
    // 水平方向1、垂直方向0のときのパラメータ値を読み込む
    float beta10 = chf("/obj/geo1/CONTROLLER/beta10");
    // 水平方向1、垂直方向1以上のときのパラメータ値を読み込む
    float beta11 = chf("/obj/geo1/CONTROLLER/beta11");
    // 水平方向2、垂直方向0のときのパラメータ値を読み込む
    float beta20 = chf("/obj/geo1/CONTROLLER/beta20");
    // 水平方向2、垂直方向1以上のときのパラメータ値を読み込む
    float beta21 = chf("/obj/geo1/CONTROLLER/beta21");
    // 水平方向3以上、垂直方向0のときのパラメータ値を読み込む
    float beta30 = chf("/obj/geo1/CONTROLLER/beta30");
    // 水平方向3以上、垂直方向1以上のときのパラメータ値を読み込む
    float beta31 = chf("/obj/geo1/CONTROLLER/beta31");

    if(h == 0 && v == 1){ // 水平方向0、垂直方向1以上のとき
        return beta01;
    }else if(h == 1 && v == 0){ // 水平方向1、垂直方向0のとき
        return beta10;
    }else if(h == 1 && v == 1){ // 水平方向1、垂直方向1以上のとき
        return beta11;
    }else if(h == 2 && v == 0){ // 水平方向2、垂直方向0のとき
        return beta20;
```

```
    }else if(h == 2 && v == 1){  // 水平方向2、垂直方向1以上のとき
        return beta21;
    }else if(h == 3 && v == 0){  // 水平方向3以上、垂直方向0のとき
        return beta30;
    }else if(h == 3 && v == 1){   // 水平方向3以上、垂直方向1以上のとき
        return beta31;
    }else{
        return 999;   // 条件に合うものがなければ999を返す
    }
}
```

……

続いて、アルゴリズムの項で説明した境界層セルの統合の計算を行います。

```
……
// ポイントの境界質量を取得する
float boundary_mass = f@boundary_mass;
// ポイントの水平方向に隣り合うセルの数を取得する
int h = i@horizontalNeighbourCount;
// 水平方向のセルの数を最大値3でクランプする
int hm = min(3, h);
// ポイントの垂直方向に隣り合うセルの数を取得する
int v = i@verticalNeighbourCount;
// 垂直方向のセルの数を最大値1でクランプする
int vm = min(1, v);

// 境界質量が水平垂直に隣り合うセルの数に応じて得られたパラメータよりも大きいとき
if((boundary_mass >= getBeta(hm, vm)) || (h >= 4  && v >= 1)){
    // ポイントにsnowflakeのグループを設定する
    setpointgroup(0, "snowflake", @ptnum, 1);
    // ポイントをboundaryのグループから外す
    setpointgroup(0, "boundary", @ptnum, 0);
    // ポイントをnon_boundaryのグループから外す
    setpointgroup(0, "non_boundary", @ptnum, 0);
    // ポイントにedge_snowflakeのグループを設定する
    setpointgroup(0, "edge_snowflake", @ptnum, 1);
    // ポイントのアトリビュートに拡散質量を格納する
    setpointattrib(0, "diffusion_mass", @ptnum, 0);
}
```

Point Wrangle ノードのパラメータ

このコードでは、先に計算した境界質量を利用して、境界層のセルを結晶に変換するかどうかを判定し、条件にあった水蒸気を結晶に変換しています。ここで注目すべきは、境界層に隣り合う水平方向と垂直方向の結晶の数に応じて、beta（結合用パラメータ）の値を変更している点です。

2-7 融解の計算を行う

次に、結晶化していない境界層の水蒸気セルに対して融解の計算を行います。

Point Wrangle ノード 1つ目のインプットと、Step 2-6で作ったPoint Wrangleノードをつなげます。パラメータのGroupを「boundary」に設定し、境界層にある結晶化しなかった水蒸気セルに対してのみ計算が行われるようにして、次のようにVEXコードを記述していきます。

まず、水平、垂直の近接するセルの数に応じたmuのパラメータを取得する関数を作ります。

《Point Wrangleノードのコード》
```
// 引数として
// h（水平方向に隣り合う結晶の数）
// v（垂直方向に隣り合う結晶の数）
// を持つ関数を作る
float getMu(int h; int v){
    // 水平方向0、垂直方向1以上のときのパラメータ値を読み込む
    float mu01 = chf("/obj/geo1/CONTROLLER/mu01");
    // 水平方向1、垂直方向0のときのパラメータ値を読み込む
    float mu10 = chf("/obj/geo1/CONTROLLER/mu10");
    // 水平方向1、垂直方向1以上のときのパラメータ値を読み込む
    float mu11 = chf("/obj/geo1/CONTROLLER/mu11");
    // 水平方向2、垂直方向0のときのパラメータ値を読み込む
    float mu20 = chf("/obj/geo1/CONTROLLER/mu20");
    // 水平方向2、垂直方向1以上のときのパラメータ値を読み込む
    float mu21 = chf("/obj/geo1/CONTROLLER/mu21");
    // 水平方向3以上、垂直方向0のときのパラメータ値を読み込む
    float mu30 = chf("/obj/geo1/CONTROLLER/mu30");
    // 水平方向3以上、垂直方向1以上のときのパラメータ値を読み込む
    float mu31 = chf("/obj/geo1/CONTROLLER/mu31");

    if(h == 0 && v == 1){    // 水平方向0、垂直方向1以上のとき
        return mu01;
    }else if(h == 1 && v == 0){    // 水平方向1、垂直方向0のとき
        return mu10;
    }else if(h == 1 && v == 1){    // 水平方向1、垂直方向1以上のとき
        return mu11;
    }else if(h == 2 && v == 0){    // 水平方向2、垂直方向0のとき
        return mu20;
    }else if(h == 2 && v == 1){    // 水平方向2、垂直方向1以上のとき
        return mu21;
    }else if(h == 3 && v == 0){    // 水平方向3以上、垂直方向0のとき
        return mu30;
    }else if(h == 3 && v == 1){    // 水平方向3以上、垂直方向1以上のとき
        return mu31;
    }else{
        return 999;    // 条件に合うものがなければ999を返す
    }
}
……
```

続いて、アルゴリズムの項で説明した境界層セルの誘拐の計算を行います。

```
……
float bm = f@boundary_mass;  // ポイントの境界質量を取得する
float dm = f@diffusion_mass; // ポイントの拡散質量を取得する
// ポイントの水平方向のセルの数を最大値3でクランプする
int h = min(3, i@horizontalNeighbourCount);
// ポイントの垂直方向のセルの数を最大値1でクランプする
int v = min(1, i@verticalNeighbourCount);
// 融解の計算に使うパラメータを水平垂直に隣り合うセルの数に応じて取得する
float mu = getMu(h, v);

// アルゴリズムの項の $b_i'(x)$（融解時）に相当する境界質量の計算式
float boundary_mass = (1 - mu) * bm;
// アルゴリズムの項の $d_i'(x)$（融解時）に相当する拡散質量の計算式
float diffusion_mass = dm + mu * bm;

// ポイントのアトリビュートに境界質量を格納する
f@boundary_mass = boundary_mass;
// ポイントのアトリビュートに拡散質量を格納する
f@diffusion_mass = diffusion_mass;
```

Point Wrangle ノードのパラメータ

このコードでは、アルゴリズムの項で説明した凍結の計算式を使って、境界質量の値を下げ、拡散質量の値を増やしています。水蒸気のセルを凍結された状態から、蒸気の状態に戻していることになります。ここで注目すべきは、境界層に隣り合う水平方向と垂直方向の結晶の数に応じて、mu（融解用パラメータ）の値を変更しているという点です。

2-8 境界層をリセットする

ソルバーネットワークで行う最後の手順として、境界層に属しているポイントをそのグループから外します。これは、ソルバーネットワークの最初に境界層を計算し直すからです。

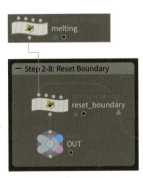

Point Wrangle ノード　1つ目のインプットと、Step2-7 で作った Point Wrangle ノードをつなげます。パラメータの Group を「boundary」に設定し、境界層にある結晶化しなかった水蒸気セルに対してのみ計算が行われるようにして、次のように VEX コードを記述します。

《Point Wrangle ノードのコード》

```
// ポイントの水平方向に隣接するセルの数のアトリビュートに0を格納する
i@horizontalNeighbourCount = 0;
// ポイントの垂直方向に隣接するセルの数のアトリビュートに0を格納する
i@verticalNeighbourCount = 0;
// ポイントにnon_boundaryグループ（水蒸気セル）を設定する
```

```
setpointgroup(0, "non_boundary", @ptnum, 1);
// ポイントをboundaryグループ（境界層）から外す
setpointgroup(0, "boundary", @ptnum , 0);
```

Point Wrangle ノードのパラメータ

以上で、ソルバーネットワーク内で行う処理は終わりです。ソルバーネットワークを抜けて再生をすると、雪の結晶の成長をシミュレートすることができるようになっています。

Step 3

3-1 結晶以外のポイントを削除する

このままだと、すべてのグリッドのポイントが表示されたままなので、結晶が本当に成長しているのかを確認することができません。そこで、結晶以外のポイントは削除します。

Delete ノード　Solverノードとつなげます。Groupのパラメータは「snowflake」に設定し、またその他のパラメータも次のように設定することで、結晶のセルであることを示すsnowflakeというグループを持つポイント以外を削除するようにします。これにより、結晶のポイントだけが残ります。

3-2 六角形の面を作る

結晶のポイントだけを表示することはできましたが、ポイントのままでは雪の結晶には見えません。そこで、ポイントを六角形のポリゴンに変換します。

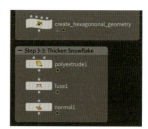

Point Wrangle ノード　Delete ノードとつなげ、次のように VEX コードを記述します。

《Point Wrangleノードのコード》
```
int prim = addprim(0, "poly"); // 空のポリゴンを作る
```

```
float length = 1.0 / sqrt(3);  // 六角形の半径を作る

for(int i=0; i<6; i++){  // 6回ループを回す
    // 60度ずつ繰り上がる回転角を作る
    float angle_deg = 60 * i + 30;
    // 角度をラジアンに変換する
    float angle_rad = $PI / 180.0 * angle_deg;
    // 六角形の頂点の位置を作る
    vector pos = set(@P.x + length * cos(angle_rad), @P.y, @P.z + length*sin(angle_rad));
    
    int pt = addpoint(0, pos);  // ポイントを六角形の頂点の位置に追加する
    addvertex(0, prim, pt);  // ポリゴンのプリミティブに頂点を追加する
}

removepoint(0, @ptnum);  // 六角形の中心のポイントを削除する
```

3-3 結晶に厚みをつける

六角形のポリゴンを作った段階ではまだ平らな面なので、これを立体的に立ち上げたいと思います。

PolyExtrude ノード　Step 3-2 で作った Point Wrangle ノードとつなげます。Distance のパラメータは1に、Output Back のチェックボックスはオンにしておきます。

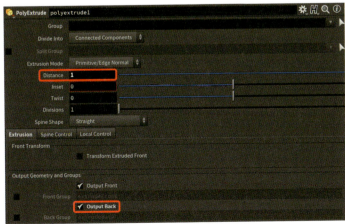

PolyExtrude ノードのパラメータ

その上で、モデルを整えていきます。

`Fuse ノード`　PolyExtrude ノードとつなげて、同じ位置に重なっているポイントを1つにまとめます。

`Normal ノード`　Fuse ノードとつなげて、法線を整えます。

3-4 結晶に色をつける

最後に、厚みをつけた結晶に色をつけます。

`Color ノード`　Normal ノードとつなげて、好きな色に設定します。

Color ノードのパラメータ

`Null ノード`　「FINAL」という名前に設定して、Color ノードとつなげれば完成です。

この結晶のシミュレーションは、特に beta、kappa、mu といったパラメータを様々に変えることで、実に様々な形状の結晶を作ることができます。グリッドの大きさによってはポイントの数が膨大になり、計算に時間がかかりますが、グリッドの解像度が高ければ高いほど細かいディテールが現れるので、ぜひ高解像度で試してみてください。

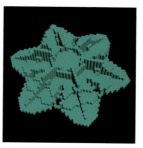

低解像度のシミュレーション結果　　高解像度のシミュレーション結果

メインパラメータ
size: 90
beta01: 1.6
beta10: 1.5
beta11: 1.4
beta20: 1.5
beta21: 1
beta30: 1
beta31: 1
mu01: 0.008
mu10: 0.008
mu11: 0.008
mu20: 0.008
mu21: 0.008
mu30: 0.008
mu31: 0.008
kappa01: 0.1
kappa10: 0.1
kappa11: 0.1
kappa20: 0.1
kappa21: 0.1
kappa30: 0.1
kappa31: 0.1
rho: 0.1
phi: 0

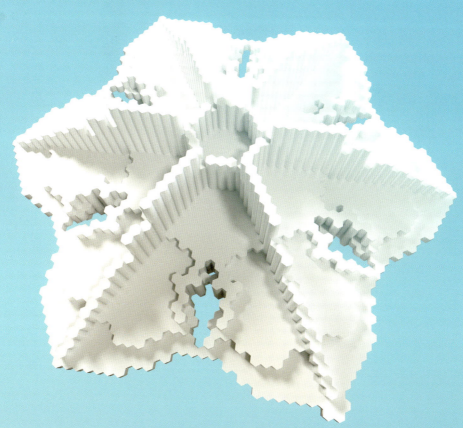

メインパラメータ
size: 88
beta01: 1.75
beta10: 1.5
beta11: 1
beta20: 1.5
beta21: 1
beta30: 1
beta31: 1
mu01: 0.001
mu10: 0.002
mu11: 0.001
mu20: 0.002
mu21: 0.001
mu30: 0.001
mu31: 0.001
kappa01: 0.1
kappa10: 0.1
kappa11: 0.1
kappa20: 0.1
kappa21: 0.1
kappa30: 0.1
kappa31: 0.1
rho: 0.1
phi: 0

16

Thermoforming
真空成形

本章では、自然界の現象とはまたちょっと異なる、製造業で見られる物理現象を取り扱ってみたいと思います。現代のものづくりの成形方法の1つに「真空成形」という方法があります。これは、加熱して軟らかくした板状のプラスチックの材料を、真空吸引することにより型に密着させて変形させる方法です。プラスチックの熱可塑性を利用しており、プラスチックの板が一瞬で型に密着して変形する様は見ていて圧巻で、現象としても非常に面白いものです。現在では、この真空成形をコンピュータ上でシミュレートする方法が多く発表されています。

本章では、板状のジオメトリが吸引されて徐々に型の形に変形していくシミュレーションを行います。数あるモデルの1つを多少参考にしつつも、正確性などは度外視してビジュアルとして本物の真空成形のような挙動をする、オリジナルなアルゴリズムを作ってみたいと思います。

Thermoformingのアルゴリズム

※ 真空成形の仕組み

真空成形にも用途に応じて様々な種類がありますが、ここでは一番シンプルな真空吸引のみをつかい、シート状のプラスチック板を成形する真空成形の仕組みについて説明します。真空成形は、次のような流れで行われます。

1. プラスチック板材の境界（エッジ）を固定する

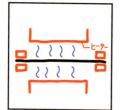

2. プラスチック板材を上下からヒーターで加熱して軟化させる

3. 型を下から上に上昇させて、軟らかくなった板材を押して伸ばす

4. 型の表面にある小さな穴から空気を吸い、材料を型に密着させる

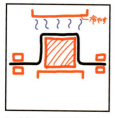

5. 冷却して形状を硬化する

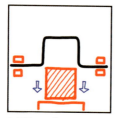

6. 型を下に降ろす

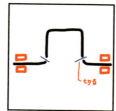

7. 成形品の輪郭を切って完成

今回アルゴリズム化するのは、このステップの3〜4の部分です。平らに張った板状の材料が、下からの型の昇降に応じて伸ばされ、最後に吸引によって型に密着するという工程を、コンピュータ上でシミュレートするのが今回の目的です。

※ 真空成形のアルゴリズム概要

本アルゴリズムでは、物理演算は使わず、幾何学的な操作のみで真空成形をシミュレートしようと思います。なぜかというと、すでに用意されている物理演算のアルゴリズムを利用してしまうと、その具体的な計算方法を意識せずに使えてしまえる分、肝心の現象への理解が薄まってしまう可能性があるからです。また、物理シミュレーションをそのまま利用しても、布っぽい材料が引っ張られる現象（引っ張られるとシワができる部分まで）は簡単に再現できるのに対して、プラスチックの板材の熱可塑性を象徴する引っ張りはなかなか再現が難しいという理由もおおいにあります。

さて、それらを念頭に置いて真空成形の過程をアルゴリズム化することを考えると、具体的に次のような流れが考えられます。

1. 板材（長方形の面）を作る

2. 型を板材の下に配置する

3. 面と型の解像度を設定する

4. 面を構成する頂点と板の境界の最短距離を計算する

5. 型を下から上へ少し移動する

6. 板材を型で押して伸ばす

7. ステップ5〜6を繰り返す

8. あるタイミングで型の上昇を止める

9. 型に板材が密着するようにちょっとずつ吸引する

ステップ9を繰り返す

このなかで、ステップ1〜4までが初期設定段階、ステップ5〜8までが材料を押して伸ばす段階、そしてステップ9〜10までが材料を吸引して型に密着させる段階となります。それらの段階に関して、それぞれ詳しく見ていきましょう。

✺ 1〜4. 初期設定

初期設定の段階でやることは、主に材料と型のセットアップです。

まずステップ1で、平面方向に型よりも大きい長方形の面を作ります。

ステップ2では、型となるジオメトリを板の下に配置します。これが後ほど上に移動して板材を押していくことになります。

ステップ3では、板材と型の解像度を設定します（細かく三角分割する）。ここで設定した解像度が高ければ高いほど計算の時間はかかりますが、真空成形した際にディテールが細かく出ます。

そして最後のステップ4では、三角分割された板材の各頂点が、板材の境界線とどれだけ離れているかを計算します。そしてその計算結果を各頂点に格納しておきます。この情報は、後ほど板を上に持ち上げる際、固定されているはずの板の境界線まで持ち上がらないようにするために使用する情報となります。

✲ 5〜8. 板材を押して伸ばすアルゴリズム

まず、ステップ 5 で型を少しずつ上昇させていきます。ここで一気に上昇させてしまうと、板材を押して伸ばす変形が綺麗にできなくなってしまいます。

そしてステップ 6 で型によって板材を押して伸ばしていくわけですが、このステップは本アルゴリズムでも肝の部分で、具体的には次のような手順に細分化することができます。

- **A**：型の一部が板材の一部より上に来たら、板材のその部分を型よりも上に来るように頂点を移動させる。
- **B**：移動しなかった板材の頂点は、周辺の引っ張られた頂点の移動量の平均値で上に移動させる。このとき、固定されている板材の境界線に近い場合は移動させない。

ステップ A で、型の一部が板材より上に来ているかどうかは、板材の各頂点から上の方向へレイ（何かにぶつかるまで飛び続ける光線）を飛ばすことで判定することができます。もしレイが型にぶつかれば板材の頂点は型よりも下にあることを示し、もしレイが何にもぶつからなければ板材の頂点は型よりも上にあることになります。移動量については、次の式で計算します。

$$\Delta h'(x) = i(x)$$

$\Delta h'(x)$：材料の各頂点の時間単位での上方向への移動量
$i(x)$：型とぶつかったときの距離

板の頂点からレイを上に飛ばして、型とぶつかるところを探す。

レイがぶつかった位置へ、板の頂点を移動させる。

ステップ B で移動しなかった頂点、つまり型のよりも下にある頂点はそのまま移動しないのでよいかというと、そうではありません。プラスチックの粘りの性質上、それらも移動した頂点に影響されて持ち上げられることになります。頂点を、周辺の頂点の高さに応じて移動させる際の移動量は、次のような式で求めることができます。

$$\Delta h''(x) = \frac{1}{N} d(x) \sum_{n=1}^{N} \Delta h(n)$$

$\Delta h''(x)$：材料の各頂点の時間単位での上方向への移動量
$d(x)$：初期状態（変形する前）の材料の各頂点から、材料の境界線への最短距離
N：各頂点の周辺の頂点の数
$\Delta h(n)$：周辺の頂点の移動量

ここでは各頂点に対して、周辺にある複数の頂点の移動量の平均値を出し、頂点の移動量を計算しています。その値に 0〜1 にリマップされた各頂点の平面に対する最短距離を掛け合わせることで、平面の境界に近いほど移動量が小さく、平面の真ん中に行くほど移動量が大きくなるように値を調整しています。ただ、1 つ断っておきますと、これは物理的に正確な挙動を示した数式ではなく、あ

くまでビジュアルとして現実のように感じるものを作るための計算式です。

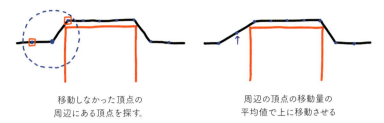

移動しなかった頂点の
周辺にある頂点を探す。

周辺の頂点の移動量の
平均値で上に移動させる

✹ 9〜10. 板材を型に密着させる吸引アルゴリズム

型取りをしたい位置まで型を上昇させたら、型の動きを止め、板材が押して伸ばされる計算も止めます。そして、材料が型に吸着されるステップに移ります。

吸着の具体的な方法は、押して伸ばされた板材の各頂点から、内側に向いた法線方向にレイを飛ばし、型とぶつかった頂点に関してはその方向に型にぶつかる直前まで徐々に頂点を動かす、というシンプルな方法です。このとき、移動した頂点が板材の境界線よりも下に行った場合は、頂点を境界線の高さに矯正します。

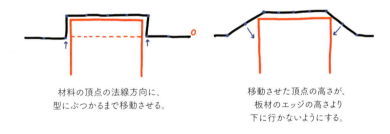

材料の頂点の法線方向に、
型にぶつかるまで移動させる。

移動させた頂点の高さが、
板材のエッジの高さより
下に行かないようにする。

以上の行程を踏むことで、真空成形のシミュレーションを行うことができます。レシピ編では、実際にこのアルゴリズムを Houdini で実装し、ビジュアルとして再現したいと思います。

Thermoforming のレシピ

このレシピでは、独自のアルゴリズムを使って真空成形のシミュレーションを行いたいと思います。今回は、型のサンプルとしてスタンフォードバニーを利用していますが、どのようなモデルも型として利用することができるようにシミュレーションを作ります。注意点としては、物理的に正しい計算をしているわけではなく、ビジュアルとして真空成形のような形状を作ることができるシミュレーションとなっていることです。とはいえ、比較的現実に近い見た目になっていますし、シミュレーション方法として他にも応用可能な幾何学的な考え方もしているので、ぜひ作ってみてください。

ネットワーク図

Step 1 変形する面のベースを作る

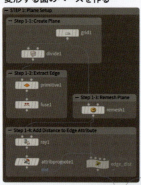

Step 2 型を作る

Step 3 真空成形のシミュレーションを行う

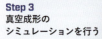

Step 4 真空成形の結果を描写する

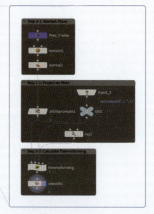

メインパラメータ

名前	タイプ	範囲	デフォルト値	説明
gird_res	Float	0 – 1	0.15	平面の解像度
base_res	Float	0 – 1	0.1	型の解像度
target_y	Float	0 – 10	5	型を上昇させる際の最終的な高さ
move_frame	Integer	0 – 300	200	型を上昇させるフレームの最大値
absorb_speed	Float	0 – 1	0.2	吸着のスピード
clamp_size	Float	0 – 10	4	吸着の力に関係ある平面と型の距離のクランプ値
move_along_rad	Float	0 – 2	2	周辺のポイントに引っ張られる際の影響範囲

使用するファイル

stanford_bunny.stl

Step 1

1-1 平面を作る

まず最初に、真空成形を利用して変形する平面を作ります。

Grid ノード このノードを配置して平面を作ります。

Grid ノードのパラメータ

情報として平面のエッジも欲しいので、ポリゴンの内側のエッジを消すために、Divide ノードを配置します。

Divide ノード Grid ノードとつなげて、Remove Shared Edges にチェックボックスをオンにします。

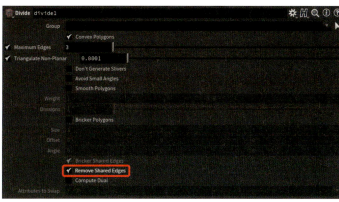

Divide ノードのパラメータ

1-2 境界線を取る

内側のエッジを取り除いたポリゴンから、さらにエッジだけを抽出するために、Primitive ノードを配置します。

Primitive ノード Divide ノードとつなげて、パラメータを次のように設定します。

Primitive ノードのパラメータ

これにより、カーブとして平面のエッジを取り出すことができます。あとは、重複した点をまとめます。

`Fuse ノード`　Primitive ノードとつなぎます。

1-3 境界線を取る

平面を実際に変形させるために、相応に面を細分化しておきます。

`Remesh ノード`　Step 1-1 で作った Grid ノードとつなげて次のようにパラメータを設定し、面を細かく分割します。なお、Target Edge Length のパラメータは、メインパラメータとリンクさせておきます。

Target Edge Length: `ch("../CONTROLLER/grid_res")`

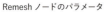

Remesh ノードのパラメータ

1-4 ポイントに境界線までの距離を格納する

次に、Step1-3 で細分化した面の一個一個の頂点から、Step1-2 で作った平面のエッジまでの最短距離を算出します。

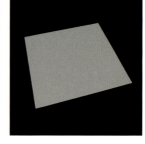

`Ray ノード`　1つ目のインプットに Step 1-3 の Remesh ノードを、2つ目のインプットに Step 1-2 の Fuse ノードをつなげます。Method のパラメータは「Minimum Distance」に、Point Intersection Distance のチェックボックスはオンにしておきます。この情報は、平面の頂点を変形する際の減衰率として利用します（エッジに近ければ近いほど頂点が変形しなくなります）。

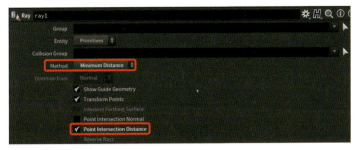

Ray ノードのパラメータ

Ray ノードを使うと、ポイントの dist というアトリビュートに距離情報が格納されるので、すべてポイントの dist の値の最大値を取得しておきます。

Attribute Promote ノード　Ray ノードとつなげて、Original Name を「dist」とし、また次のようにパラメータを設定します。

Attribute Promote ノードのパラメータ

このままだとポイントの位置がエッジに投影されたままになってしまうので、投影する前のポリゴンの各ポイントに、エッジまでの距離情報を格納します。

Point Wrangle ノード　1つ目のインプットに Remesh ノードをつなぎ、2つ目のインプットに Attribute Promote ノードをつなぎます。そして次のような VEX コードを記述します。

《Point Wrangle ノードのコード》
```
// 平面上のポイントからエッジまでの最短距離を 0〜1 の範囲で格納する
f@edge_dist = point(1, "dist", @ptnum) / detail(1, "dist");
```

このコードでは、Remesh ノードで作った細分化された面の各ポイントに、0〜1 の範囲にリマップした距離の値を edge_dist というアトリビュートに格納しています。

Step 2

2-1 型のジオメトリをインポートする

次に、真空成形における型の準備を行います。

File ノード　Geometry File のパラメータを次のように設定して、HIP ファイルと同じ階層にあるスタンフォードバニーのモデルをインポートします。

Geometry File: `$HIP/stanford_bunny.stl`

File ノードのパラメータ

2-2 型の位置を調整する

インポートしたモデルを、型として使える位置とサイズに調整します。

Transform ノード　File ノードとつないで、それぞれのパラメータを設定します。

Transform ノードのパラメータ

このパラメータはインポートするモデルに応じて変わるので、変形する平面の真ん中に配置され、平面より小さめになるように大きさを調整してください。

インポートしたモデルの解像度が大きすぎたり小さすぎたりすると真空成形の計算に支障がでるため、メッシュの解像度を調整します。

Remesh ノード　Transform ノードとつなげて次のように設定します。なお、Target Edge Length は次のように設定し、解像度を CONTROLLER のパラメータで調整できるようにします。

Target Edge Length: `ch("../CONTROLLER/base_res")`

Remesh ノードのパラメータ

Normal ノード　Remesh ノードとつなげ、Add Normals to のパラメータを「Primitive」に設定して各プリミティブに法線情報を格納します。

Normal ノードのパラメータ

再度 Transform ノードを配置して、モデルを平面より下の方向（Y軸方向）に移動します。

`Transform ノード`　Normal ノードとつなげて、Translate の Y 軸のパラメータを次のように設定します。

Translate(Y): `-$GCY-$SIZEY/2`

Transform ノードのパラメータ

真空成形のシミュレーションをする際は、この位置から徐々に上げていくことになります。

2-3 型を上昇させる

次に、タイムフレームに応じて型が徐々に上昇するように設定します。

`Point Wrangle ノード`　Step 2-2 で作った Transform ノードとつなげ、次のように VEX コードを記述していきます。

まずは、CONTROLLER で設定した各種のパラメータを読み込みます。

《Point Wrangle ノードのコード》
```
// 型を上昇させる際の最終的な高さを表すパラメータ値を読み込む
float target_y = chf("target_y");
// 型を上昇させるフレームの最大値を表すパラメータ値を読み込む
int move_frame = chi("move_frame");
……
```

target_y: `ch("../CONTROLLER/target_y")`
move_frame: `ch("../CONTROLLER/move_frame")`

Point Wrangle ノードのパラメータ

指定のフレームよりタイムフレームが小さい場合は上昇するようにし、その指定のフレームを越えたらモデルが停止するように設定します。

```
……
// 現在のフレームがフレームの最大値のパラメータの値よりも小さいとき
if(@Frame < move_frame){
    // 条件を満たしたときポイントをフレームの値に応じて上昇させる
    @P.y += target_y / float(move_frame) * @Frame;
// 現在のフレームがフレームの最大値のパラメータの値を超えたとき
}else{
    // ポイントの位置をパラメータで読み込んだ最終的なパラメータ値に固定する
    @P.y += target_y;
}
```

Step 3

このレシピでは、真空成形の過程をアニメーションとして表現できるようにするためにソルバーを使います。

Solver ノード 1つ目のインプットには Step 1-4 で作った Point Wrangle ノードを、2つ目のインプットには Step 2-3 で作った Point Wrangle ノードをつなげます。Solver ノードをダブルクリックし、ソルバーネットワークのなかに入ってシミュレーションの内容を記述していきます。

3-1 変形する面をリメッシュする

まずやることは、毎フレームのはじめに、変形する（された）平面をリメッシュして、面を可能なかぎり等分割にしておくことです。

Remesh ノード 「Prev_Frame」と名前がついたノードとつなげ、次のようにパラメータを設定します。なお、Target Edge Length はメインパラメータとリンクさせておきます。

Target Edge Length: `ch("../../../../CONTROLLER/grid_res")`

Remesh ノードのパラメータ

Normal ノード Remesh ノードとつなげて、法線方向を整えます。Add Normals to のパラメータは「Points」します。

Normal ノードのパラメータ

3-2 変形する面を型に投影する

次に、平面を変形する前の準備として、平面を移動している型に最短距離で投影し、その距離を測ります。

Attribute Promote ノード Normal ノードとつなげます。Original Name は「P」とし、また New Class は「Detail」に設定して、ポイントの位置の最大値をディテールに格納します。

Attribute Promote ノードのパラメータ

平面を型に投影するために、型のモデルを準備します。

Null ノード 「GEO」という名前でこのノードを作成します。「Input_2」という名前の Object Merge ノードから型のモデルを得ることができるので、このノードのインプットとつなげます。

Ray ノード 1つ目のインプットに Attribute Promote ノードを、2つ目のインプットに「GEO」という名前の Null ノードをつなげます。その上で次のようにパラメータを設定し、変形する面を型に最短距離で投影します。

Ray ノードのパラメータ

3-3 真空成形の押し出しと吸着の計算を行う

ここまでのステップで、真空成形の計算を行うための情報はそろったので、いよいよ本レシピで根幹となる計算を行います。

Point Wrangle ノード 1つ目のインプットには Attribute Promote ノード、2つ目のノードには Ray ノード、そして3つ目のインプットには「GEO」という名前の Null ノードをつなげます。その上で、VEX コードを次のように記述していきます。

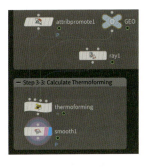

まずは、CONTROLLER で設定した各種のパラメータを読み込みます。

《Point Wrangle ノードのコード》

```
// 吸着のスピードを表すパラメータ値を読み込む
float absorb_speed = chf("absorb_speed");
  // 型を上昇させるフレームの最大値を表すパラメータ値を読み込む
int absorb_frame = chi("absorb_frame");
// 周辺のポイントに引っ張られる際の影響範囲を表すパラメータ値を読み込む
float move_along_rad = chf("move_along_rad");
// 吸着の力に関係ある平面と型の距離のクランプ値を表すパラメータ値を読み込む
float clamp_size = chf("clamp_size");
……
```

absorb_speed: ch("../../../../CONTROLLER/absorb_speed")
move_along_rad: ch("../../../../CONTROLLER/move_along_rad")

clamp_size: `ch("../../../../CONTROLLER/clamp_size")`
absorb_frame: `ch("../../../../CONTROLLER/move_frame")`

```
Absorb Speed   ch("../../../../CONTROLLER/absorb_speed")
Move Along Rad ch("../../../../CONTROLLER/move_along_rad")
Clamp Size     ch("../../../../CONTROLLER/clamp_size")
Absorb Frame   ch("../../../../CONTROLLER/move_frame")
```

Point Wrangle ノードのパラメータ

変形する平面を構成する各ポイントから、法線方向に型があるかどうかをチェックします。法線方向に型があるということはつまり、型が平面を突き破って上に飛び出しているということなので、そうならないように平面の下に型がくるまでポイントの位置を移動します。なお、もし法線方向に型がなかった場合は、周辺のポイントの高さを参照して、それらに引っ張られるように自分の高さを上げます。

```
......
// 平面の各ポイントから型までの最短距離を取得する
float min_dist = point(1, "dist", @ptnum);

vector int_pos; // 交差用のベクトルの変数を作る
float u, v; // 交差用の浮動小数点数の変数を作る

// intersect関数を使って、平面の各ポイントの法線方向にレイを飛ばし、
// 型とぶつかるかどうかをチェックする。-1以外の値が返ってくれば、ぶつかったということを意味する
int inter = intersect(2, @P, @N, int_pos, u, v);
// 交差チェックでぶつかった場合、平面を型を包むような形で変形する
if(inter != -1){
    // 型にぶつかった位置での法線方向の値を取得する
    vector primN = prim(2, "N", inter);
    // 平面のポイントの位置と、型にぶつかった位置の間の距離を測る
    float int_dist = distance(@P, int_pos);

    // 型から得た法線方向と、平面のポイントの法線方向の内積を計算する
    float dot = dot(primN, @N);
    if(dot > 0){ // もし内積計算の結果がプラスの場合（平面のポイントが型の内側に入っている場合）
        // 条件を満たす場合、まず先に測った距離をmove_scaleという変数に代入する
        float move_scale = int_dist;
        // ポイントの位置を法線の方向にmove_scaleの値をかけて移動する
        @P += @N * move_scale;
        // ポイントのprev_moveというアトリビュートにmove_scaleの値を格納する
        f@prev_move = move_scale;
    }
// ぶつからなかった場合は、すでに動いた平面上のポイントに引っ張られて動くようにする
}else{
    // 平面のポイントから見て、move_along_radの範囲内にあるポイントのリストを取得する
    int pts[] = nearpoints(0, @P, move_along_rad);
    // move_scaleという名前の変数を作る
    float move_scale = 0;
    for(int i=0; i<len(pts); i++){ // ポイントのリストの大きさだけループを回す
        // 各ポイントの番号を取得する
        int pt = pts[i];
        // 取得したポイントのprev_moveというアトリビュートに格納された値を
        // move_scaleに足し合わせる
        move_scale += point(0, "prev_move", pt);
    }
```

```
        // move_scaleをポイントのリストの数で割り平均をとる
        move_scale /= len(pts);
        // ポイントを法線方向にmove_scaleの大きさで移動させる。また、ポイントに格納されている
        // エッジからの距離の割合をかけあわせ、平面のエッジに近いほど変形が少なくなるようにする
        @P += @N * move_scale * f@edge_dist;
        // ポイントのprev_moveというアトリビュートにmove_scaleを格納する
        f@prev_move = move_scale;
}
……
```

そして、ある指定のフレームを越えたら、今度は型に吸着させるように設定します。吸着の際には、平面の各ポイントから法線方向と逆の方向に型があるかを確認し、もし型があった場合はそのときの投影距離を、もしなかった場合はStep 3-2で計算した最短投影距離を利用して、平面のポイントを型に吸着させるように移動します。

```
……
if(@Frame > absorb_frame){ // フレームがabsorb_frameの値を超えたとき
    // ポイントの高さ（Y軸の値）が0以上の場合、平面の法線方向と逆の方向にレイを飛ばして
    // 型とぶつかっても型の内側に入らない程度に移動量を設定する
    if(@P.y > 0){
        // 交差結果用のベクトルを作る
        vector self_int_pos;
        // 平面の法線方向と逆の方向にレイを飛ばして、型とぶつかるかどうかをチェックする
        int self_inter = intersect(0, @P-@N* 0.1, -@N, self_int_pos, u, v);
        // distという名前の変数を作る
        float dist = 0;

        // self_interの値が-1以外だったとき（平面の法線方向に型があったとき）
        if(self_inter != -1){
            // 平面のポイントの位置と、型にぶつかった位置の間の距離を測る
            dist = distance(@P, self_int_pos);
            if(dist < 1.0){ // もしdistが1.0以下だった場合
                dist = 0.0; // distの値を0にする
            }
        // レイが型にぶつからなかったとき
        }else{
            // distに平面のポイントから型までの最短距離を代入する
            dist = min_dist;
        }

        // ・平面のポイントを吸着方向へ移動
        // distの値をクランプする
        float d = clamp(dist, 0, clamp_size);
        // dの値をclamp_sizeで割り、それを吸着の力とする
        float mult = d / clamp_size;
        // ポイントが型に吸着されるように法線方向にabsorb_speedとmultをかけ、
        // さらにポイントに格納されているedge_distの二乗を掛け合わせて
        // 平面のエッジに近い場合は吸着力が落ちるようにする
        @P -= @N * absorb_speed * mult * sqrt(f@edge_dist);
    }
}
……
```

あとは、平面のポイントが元の高さ（Y=0）よりも下の方向には行かないように制限をかけます。

```
……
if(@P.y < 0){   // もしポイントの高さが0より低い場合
    @P.y = 0;   // ポイントの高さを0にする
}
```

以上のような条件を設けることによって、擬似的な真空成形のシミュレーションを作り出すことができます。

このように頂点を移動させたら、面をなめらかにします。

Smooth ノード　Point Wrangle ノードをつなげます。

以上が、ソルバーネットワーク内で記述するシミュレーションの内容となります。ソルバーネットワークを抜けて再生をしてみると、型が徐々に上昇するに応じて平面が変形され、型の上昇が静止した後は吸着によって平面が型に吸い寄せられることで、型の形に変化する様を見て取ることができるかと思います。

Step 4

4-1 変形したジオメトリに色をつける

最後に、色をつけて完成させます。今回は、平面の法線方向に応じて色を変化させたいと思います。

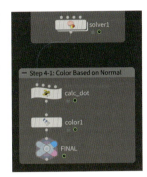

Point Wrangle ノード Solver ネットワークとつなげて、次のように VEX コードを記述します。

《Point Wrangleノードのコード》
```
// 法線と上向き（Y軸のプラスの値）のベクトルとの内積を計算して、
// colという名前のアトリビュートに格納する
f@col = dot(@N, set(0, 1, 0));
```

Color ノード Point Attribute ノードとつなげます。Color Type は「Ramp from Attribute」に、Attribute には「col」と記述して、col というアトリビュートに応じて色を設定できるようにします。Attribute Ramp の色の分布は好きなように設定してください。左側に近い色ほど面が下を向いていて、右に近い色ほど面が上を向いているときの色ということになります。

Color ノードのパラメータ

Null ノード 「FINAL」という名前にして、Color ノードとつなげれば完成です。

このレシピのなかで形状に大きく変化を与えるパラメータとなるのは、インポートする型のモデルです。ぜひ色々なモデルを読み込み、真空成形を試してみてもらえればと思います。また通常、真空成形時は、モデルは直線的に上昇をするものですが、あくまでここでやっているのバーチャルの世界のシミュレーションなので、ねじりながら上昇させていくなどのステップを加えても面白い結果が得られるかもしれません。ぜひ遊んでみてください。

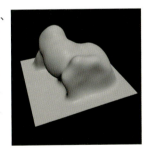

16 Thermoforming 317

レファレンス

01 Mandelbulb
◎ Wikipedia, "Mandelbrot set," https://en.wikipedia.org/wiki/Mandelbrot_set
◎ Wikipedia, "Mandelbulb," https://en.wikipedia.org/wiki/Mandelbulb

02 Chladni Pattern
◎ Pain H. J., 2005. "The physics of vibrations and waves", 6th Edition. John Wiley Sons, Ltd., England.
◎ Rossing T.D. and Fletcher N. H. 1995. "Principles of vibration and sound". Springer-Verlag New York Inc.
◎ Reddy J. N. 1999. "Theory and analysis of elastic plates".Taylor Francis, Philadelphia.
◎ Anarajalingam P, Duch langpap S and Holm J. 2007. "Chladni mønstre – Chladni patterns". Gruppe 12, hus 13.2, 2 semester, foråret 2007, Natbas RUC.
◎ Wikipedia, "クラドニ図形," https://ja.wikipedia.org/wiki/クラドニ図形
◎ Wence Xiao. 2010 "Chadni Pattern," https://core.ac.uk/download/pdf/12517675.pdf

03 Reaction Diffusion
◎ Abelson, Adams, Coore, Hanson, Nagpal, Sussman, "Gray Scott Model of Reaction Diffusion," https://groups.csail.mit.edu/mac/projects/amorphous/GrayScott
◎ Karl Sims, "Reaction-Diffusion Tutorial," http://www.karlsims.com/rd.html.
◎ "Reaction-Diffusion by the Gray-Scott Model: Pearson's Parametrization," https://mrob.com/pub/comp/xmorphia
◎ John E. Pearson, "Complex Patterns in a Simple System," Science, Volume 261, 9 July 1993.
◎ K.J. Lee, W.D. McCormick, Qi Ouyang, and H.L. Swinney, "Pattern Formation by Interacting Chemical Fronts," Science, Volume 261, 9 July 1993.

04 Diffusion-Limited Aggregation
◎ Wikipedia, "Diffusion-limited aggregation," https://en.wikipedia.org/wiki/Diffusion-limited_aggregation
◎ Paul Bourke "DLA – Diffusion Limited Aggregation," http://paulbourke.net/fractals/dla
◎ "Coding Challenge #34: Diffusion-Limited Aggregation," https://www.youtube.com/watch?v=Cl_Gjj80gPE&t=220s

06 Magnetic Field
◎ Wikipedia, "Magnetic Field," https://en.wikipedia.org/wiki/Magnetic_field

07 Space Colonization
◎ Wikipedia, "Algorithmic Boany," http://algorithmicbotany.org
◎ Adam Runions, Brendan Lane, and Przemyslaw Prusinkiewicz. 2007. "Modeling Trees with a Space Colonization Algorithm" Eurographics Workshop on Natural Phenomena (2007)
◎ HONDA H. "Description of the form of trees by the parameters of the tree-like body: Effects of the branching angle and the branch length on the shape of the tree-like body." Journal of Theoretical Biology 31 (1971), 331– 338.

08 Curve-based Voronoi
◎ Wikipedia, "Voronoi diagram," https://en.wikipedia.org/wiki/Voronoi_diagram
◎ Wikipedia, "Worley noise," https://en.wikipedia.org/wiki/Worley_noise

09 Coral Growth
◎ Nervous System, "Floraform," https://n-e-r-v-o-u-s.com/projects/sets/floraform
◎ Inconvergent, "Differential Line," https://inconvergent.net/generative/differential-line

◎Inconvergent, "Differential Mesh 3D," https://inconvergent.net/generative/differential-mesh-3d
◎Haiyi Liang and L. Mahadevan. 2009. "The shape of a long leaf" PNAS December 29, 2009 vol. 106 no. 52
◎Haiyi Liang and L. Mahadevan. 2011. "Growth, geometry, and mechanics of a blooming lily" PNAS April 5, 2011 vol. 108 no. 14

10 Strange Attractor
◎Wikipedia, "Attractor," https://en.wikipedia.org/wiki/Attractor
◎"Math:Rules Strange Attractors," https://www.behance.net/gallery/7618879/MathRules-Strange-Attractors

11 Fractal Subdivision
◎Wikipedia, "Fractal." https://en.wikipedia.org/wiki/Fractal
◎Wikipedia, "Koch snowflake," https://en.wikipedia.org/wiki/Koch_snowflake
◎Wikipedia, "Subdivision surface," https://en.wikipedia.org/wiki/Subdivision_surface
◎"Digital Grotesque," http://digital-grotesque.com

12 Swarm Intelligence
◎Wikipedia, "Swarm Intelligence," https://en.wikipedia.org/wiki/Swarm_intelligence
◎"Boids," https://www.red3d.com/cwr/boids
◎Craig W. Reynolds. 1987. "Flocks, Herds, and Schools: A Distributed Behavioral Model" Computer Graphics, 21(4), July 1987, pp. 25-34. (ACM SIGGRAPH '87 Conference Proceedings, Anaheim, California, July 1987.)

13 Frost
◎Wikipedia, "Frost," https://www.behance.net/gallery/7618879/MathRules-Strange-Attractors
◎Anton Grabovskiy, "Houdini frost solver base algorithm," https://vimeo.com/141890771

14 Edge Bundling
◎Houdini Gubbins, "EDGE BUNDLING," https://houdinigubbins.wordpress.com/2017/05/01/edge-bundling
◎Danny Holten and Jarke J. van Wijk. 2009. "Force-Directed Edge Bundling for Graph Visualization" Eurographics/IEEE-VGTC Symposium on Visualization 2009, Volume 28 (2009), Number 3
◎C. Hurter, O. Ersoy and A. Telea. 2012. "Graph Bundling by Kernel Density Estimation" Eurographics Conference on Visualization 2012, Volume 31 (2012), Number 3

15 Snowflake
◎Wikipedia, "Snowflake," https://en.wikipedia.org/wiki/Snowflake
◎Janko Gravner and David Griffeath. 2008. "Modeling snow crystal growth: a three-dimensional mesoscopic approach" Phys. Rev. E 79, 011601, Published 6 January 2009

16 Thermoforming
◎Wikipedia, "Thermoforming," On the web: https://en.wikipedia.org/wiki/Thermoforming
◎Christian Schuller, Daniele Panozzo, Anselm Grundhofer, Henning Zimmer, Evgeni Sorkine, and Olga Sorkine-Hornung. 2016. "Computational Thermoforming" ACM Trans. Graph. (2016)
◎http://www.daiichiplastic.co.jp/technology/vacuum.html
◎http://www.yodapla.co.jp/equipment

堀川淳一郎（ほりかわ・じゅんいちろう）

明治大学大学院建築学修了後、米コロンビア大学 AAD を修了。その後建築設計事務所の Noiz Architects で建築設計と建築やプロダクト、インスタレーションのアルゴリズミック・デザインやデザイン支援ツール制作などに携わる。2014 年に石津優子氏と Orange Jellies というユニットを結成。現在は建築系プログラマーとして個人で活動中。プログラミングを介した建築やプロダクトのバーチャル、フィジカルを問わない造形デザイン・シミュレーションを中心に、プラットフォームを問わないソフトウェア開発等を行なっている。株式会社 gluon のテクニカルディレクターを兼任。東京藝術大学と早稲田大学で非常勤講師として教えている。著書に『Parametric Design with Grasshopper—建築／プロダクトのための、Grasshopper クックブック 増補改訂版』（石津優子との共著、小社刊、2018 年）がある。

Algorithmic Design with Houdini
Houdini ではじめる自然現象のデザイン

2019年4月24日　初版第1刷発行

著者	堀川淳一郎
発行人	上原哲郎
発行所	株式会社ビー・エヌ・エヌ新社 〒150-0022　東京都渋谷区恵比寿南一丁目20番6号 E-mail：info@bnn.co.jp　Fax：03-5725-1511 http://www.bnn.co.jp/
印刷・製本	シナノ印刷株式会社
デザイン	松川祐子
イラストレーション	河原有里紗
編集	岩井周大、村田純一

○ 本書の内容に関するお問い合わせは弊社Webサイトから、またはお名前とご連絡先を明記のうえ E-mail にてご連絡ください。
○ 本書の一部または全部について、個人で使用するほかは、
　株式会社ビー・エヌ・エヌ新社および著作権者の承諾を得ずに無断で複写・複製することは禁じられております。
○ 乱丁本・落丁本はお取り替えいたします。
○ 定価はカバーに記載してあります。

ISBN 978-4-8025-1102-5
Printed in JAPAN